科学探索动物世界的无穷奥秘

DONG WU SHI JIE

动物世界

张志通 ◎主编

拼音版

北京工艺美术出版社

图书在版编目（CIP）数据

动物世界：拼音版/张志通主编． — 北京：北京工艺
美术出版社，2018.6
ISBN 978-7-5140-1288-0

Ⅰ．①动… Ⅱ．①张… Ⅲ．①动物－少儿读物
Ⅳ.①Q95-49

中国版本图书馆CIP数据核字（2017）第156624号

出 版 人：陈高潮
责任编辑：陈宗贵
装帧设计：子 时
责任印制：宋朝晖

动物世界（拼音版）

张志通 主编

出 版	北京工艺美术出版社	
发 行	北京美联京工图书有限公司	
地 址	北京市朝阳区化工路甲18号	
	中国北京出版创意产业基地先导区	
邮 编	100124	
电 话	（010）84255105（总编室）	
	（010）64283627（编辑室）	
	（010）64280045（发 行）	
传 真	（010）64280045/84255105	
网 址	www.gmcbs.cn	
经 销	全国新华书店	
印 刷	北京中振源印务有限公司	
开 本	720毫米×1020毫米 1/16	
印 张	20	
版 次	2018年6月第1版	
印 次	2018年6月第1次印刷	
印 数	1～5000	
书 号	ISBN 978-7-5140-1288-0	
定 价	56.00元	

　　威武的狮子、聪明的海豚、高大的骆驼、优雅的企鹅……天空、海洋、陆地、沙漠、沼泽、极地、森林、草原等等，只要是地球上有生命存在的地方，处处可以看到鲜活奔跃的动物。它们分布极为广泛，甚至可以说无处不在。它们有的庞大，有的弱小；有的凶猛，有的友善；有的奔跑如飞，有的缓慢蠕动；有的能展翅翱翔，有的会自由游弋……它们同样面对着弱肉强食的残酷，也同样享受着生活的美好，并都在以自己独特的方式演绎着生命的传奇。正是因为有了这些多姿多彩的生命，我们的星球才显得如此富有生机。

　　相较于人类，动物的世界更为真实，它们只会遵循自然的安排去走完自己的生命历程，力争在各自所处的生物圈中占据有利地位，使自己的基因更好地传承下去，免于被自然淘汰。在这一目标的推动下，动物们充分利用了自己的"天赋异禀"，并逐步进化出了异彩纷呈的生命特质，将造化的神奇与伟大体现得淋漓尽致。

　　动物世界精彩无比，动物世界无奇不有。小丑鱼居然会变性！蟑螂丢了脑袋也能活！树袋熊每天要花20个小时来睡觉，否则就会消化不良……本书将带你走进奇妙的动物世界，去系统了解关于动物的知识和科学，认识那些常见、具有代表性，或与我们关系密切的形形色色的动物，深度了解其生活的方方面面，让你了解许许多多从别处看不到的知

识，揭示哺乳动物、鸟类、昆虫、两栖与爬行动物等诸多鲜为人知的谜题，探索动物王国的生存法则和无穷奥秘。

在这本妙趣横生的动物百科宝典里，你可以从容走进以"百兽之王"狮子和老虎领衔的各种食肉和食草类哺乳动物的世界，零距离观察从鸵鸟、企鹅到鹰、鹤、雉、燕、鹦鹉、山雀等形形色色的鸟类，纷繁奇异的龟、蛇、蜥蜴、鳄鱼和各种鱼，以及从蜻蜓、蟋蟀、甲虫到蝴蝶、蚊蝇等种类繁多的昆虫。同时，书中配有上千幅令人叹为观止的高清照片，生动再现了动物的生存百态和精彩瞬间，对特定情境、代表种类特征、身体局部细节等的刻画惟妙惟肖，栩栩如生地展现了各个物种的鲜明特征，将自然界的神奇与伟大体现得淋漓尽致，极具科学和美学价值。

人类对其他生命形式的亲近感是一种与生俱来的天性，从动物身上甚至能寻求到心灵的慰藉乃至生命的意义。如狗的忠诚、猫的温顺会令人快乐并身心放松，而野生动物身上所散发出的野性光辉及不可思议的本能，则令人着迷甚至肃然起敬。衷心希望本书的出版能让越来越多的人更了解动物，然后去充分体味人与自然和谐相处的奇妙感受，并唤起读者保护动物的意识，积极地与危害野生动物的行为做斗争，保护人类和野生动物赖以生存的地球，为野生动物保留一个自由自在的家园。

MU LU 目录

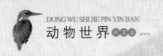

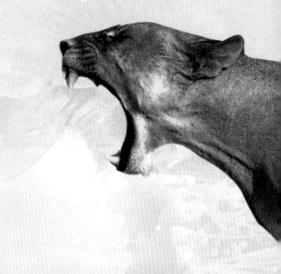

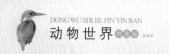
第三章 昆 虫

第四章　鸟类　159

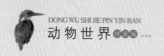

第五章 鱼类

第六章 爬行动物 271

第七章 两栖动物 287

rèn shi dòng wù
认识动物

动物的特征与分类
dòng wù de tè zhēng yǔ fēn lèi

动物是我们最亲密的伙伴，上至天空，下至大地、海洋，处处可见动物的身影。其实，在某种程度上，人也是动物。下面，就让我们了解一下与动物有关的一些知识。

鹰

光靠自己活不下去
guāng kào zì jǐ huó bú xià qu

大部分植物只要有了土壤、水、阳光，不用移动位置，不用张嘴吃东西，通过光合作用就能健康成长。但动物不同，它们绝大多数不能进行光合作用，必须通过运动锻炼自己的体能，并主动吃掉植物或其他动物才能活下去。

能自由活动
néng zì yóu huó dòng

观察一下你周围的花草树木，如果人类或风等不移动它们，它们是不是永远就立在那里？它们会走路吗？显然不能。

dòng wù jiù bù yí yàng le   tā men de shēng lǐ gōng néng bǐ zhí wù fù zá
动物就不一样了，它们的生理功能比植物复杂
duō le   yì bān dōu kě yǐ   zì yóu huó dòng
多了，一般都可以自由活动。

rén yǔ dòng wù
人与动物

dòng wù shì shēng wù de yì zhǒng   yǔ zhí wù   wēi shēng wù
动物是生物的一种，与植物、微生物
gòng tóng zǔ chéng shēng wù jiè   suī rán àn zhào zhè zhǒng shuō fa rén yě
共同组成生物界。虽然按照这种说法人也
shì dòng wù   dàn dà duō shù qíng kuàng xià   wǒ men suǒ shuō de   dòng wù   bù bāo kuò rén lèi
是动物，但大多数情况下，我们所说的"动物"不包括人类。

鹦鹉

dòng wù de fēn lèi
动物的分类

dòng wù xué jiè pǔ biàn rèn wéi   zuì zhuān yè de dòng wù guī lèi fāng fǎ shì gēn jù dòng wù
动物学界普遍认为，最专业的动物归类方法是根据动物
tǐ nèi yǒu wú jǐ zhù   jiāng qí dà zhì fēn wéi wú jǐ zhuī dòng wù hé jǐ zhuī dòng wù liǎng dà
体内有无脊柱，将其大致分为无脊椎动物和脊椎动物两大
lèi   wú jǐ zhuī dòng wù jí bèi bù méi yǒu jǐ zhù de dòng wù   rú gè zhǒng kūn chóng yǐ jí
类。无脊椎动物即背部没有脊柱的动物，如各种昆虫以及
hǎi yáng zhōng de shuǐ mǔ   zhāng yú děng dòng wù   jǐ zhuī dòng wù tǐ nèi yǒu jǐ zhù   xiāng duì
海洋中的水母、章鱼等动物。脊椎动物体内有脊柱，相对
ér yán   tā men jìn huà de gèng wéi gāo jí   shēn tǐ gòu zào gèng jiā wán shàn   shī zi   lǎo
而言，它们进化得更为高级，身体构造更加完善，狮子、老
hǔ   qīng wā děng dōu shǔ yú jǐ zhuī dòng wù
虎、青蛙等都属于脊椎动物。

海星

dòng wù de huó dòng lèi xíng
动物的活动类型

dà duō shù dòng wù dōu kě yǐ zì yóu huó dòng dòng wù de huó dòng lèi xíng zhǔ yào wéi bǔ

大多数动物都可以自由活动。动物的活动类型主要为捕

shí fán zhí zì wèi qiān yí dōng mián huò xià mián děng

食、繁殖、自卫、迁移、冬眠或夏眠等。

bǔ shí
捕食

bǔ shí shì dòng wù bǔ liè jìn shí de huó dòng gēn jù

捕食是动物捕猎、进食的活动。根据

dòng wù de shí xìng bù tóng kě jiāng dòng wù fēn chéng ròu shí xìng dòng

动物的食性不同，可将动物分成肉食性动

wù cǎo shí xìng dòng wù yǔ zá shí xìng dòng wù ròu shí xìng dòng

物、草食性动物与杂食性动物。肉食性动

枯叶蝶

wù zhǔ yào chī ròu yǒu de yě hē xuè cǎo shí xìng dòng wù chī zhí wù

物主要吃肉，有的也喝血；草食性动物吃植物，

bù chī ròu zá shí xìng dòng wù jì chī ròu yě chī zhí wù

不吃肉；杂食性动物既吃肉，也吃植物。

fán zhí
繁殖

dòng wù fán zhí zhǐ dòng wù shēng yù xiǎo bǎo bao chuán zōng jiē dài de huó dòng shēng yù

动物繁殖指动物生育小宝宝、"传宗接代"的活动。生育

bǎo bao de zhòng dàn dà duō yóu mā ma chéng dān yě yǒu xiē yóu bà ba fù zé rú hǎi mǎ

宝宝的重担大多由妈妈承担，也有些由爸爸负责，如海马、

hǎi lóng

海龙。

zài fán zhí qī xióng xìng dòng wù huì xiǎng fāng shè fǎ bó dé yì xìng de hǎo gǎn cóng ér

在繁殖期，雄性动物会想方设法博得异性的好感，从而

jiāo pèi shēng zhí xióng xìng xiàn yīn qín de fāng shì hěn duō yǐ niǎo wéi lì yǒu xiē huì bù yí

交配生殖。雄性献殷勤的方式很多，以鸟为例：有些会不遗

yú lì de zhǎn shì zì jǐ piào liang de yǔ máo yǒu xiē huì mài nong zì jǐ de gē hóu yǒu xiē

余力地展示自己漂亮的羽毛；有些会卖弄自己的歌喉；有些

huì zhèng míng zì jǐ zhù cháo de shí lì yǒu xiē zé huì dào rén lèi nà li tōu xiē shǎn liàng de xiàng

会证明自己筑巢的实力；有些则会到人类那里偷些闪亮的项

liàn bù piàn děng zuò wéi dìng qíng xìn wù

链、布片等，作为"定情信物"。

但在繁殖期间发生的事并不都是美好的：有些雄性动物在献殷勤的时候，可能会被雌性伤害，甚至丢掉性命，如蜘蛛、螳螂。

鹈鹕

自卫

动物在与对手的生死搏斗中，会用各种方法保护自己，这就是自卫。动物的自卫方式有保护色、拟态、释放特殊物质、威慑、装死、自割等。

迁移

动物迁移是指动物由于繁殖、觅食、气候变化等原因而离开栖息地，发生了一定距离的移动，如候鸟的迁徙、鱼类的洄游等。当生存环境恶化时，有些动物也会离开"老家"，寻找新的家园，这也是迁移。

冬眠与夏眠

冬季，天寒地冻，蛇、蛙等动物为了适应冬季不良的环境条件，会通过"睡觉"来维持生存，它们的生命活动会处于极度降低的状态，这就是冬眠。夏眠则是一些动物为了适应酷热和干旱季节，通过躲在阴凉潮湿的地方"睡觉"来维持生存的现象，非洲肺鱼就是典型的夏眠动物。

bǔ rǔ dòng wù

哺乳动物

2

第二章

动物世界 拼音版 >>>

哺乳动物的特征
bǔ rǔ dòng wù de tè zhēng

bǔ rǔ dòng wù shì jǐ zhuī dòng wù zhōng zuì gāo děng de yí lèi yòu jiào zuò shòu lèi quán shì
哺乳动物是脊椎动物中最高等的一类，又叫作"兽类"。全世
jiè de bǔ rǔ dòng wù yuē yǒu   zhǒng
界的哺乳动物约有4200种。

胎生哺乳
tāi shēng bǔ rǔ

jué dà duō shù de bǔ rǔ dòng wù dōu shì tāi shēng gāng gāng chū shēng de yòu zǎi bù néng zì jǐ
绝大多数的哺乳动物都是胎生，刚刚出生的幼崽不能自己
huò dé shí wù   bì xū yóu mā ma yòng rǔ zhī bǔ yù cái néng màn màn zhǎng dà
获得食物，必须由妈妈用乳汁哺育才能慢慢长大。

体表披毛
tǐ biǎo pī máo

bǔ rǔ dòng wù de tǐ biǎo dōu bù mǎn le huò cháng huò duǎn de gè sè tǐ máo
哺乳动物的体表都布满了或长或短的各色体毛，
kě yǐ qǐ dào bǎo hù yǔ bǎo wēn de zuò yòng   yán sè xiān liang cì yǎn de tǐ
可以起到保护与保温的作用。颜色鲜亮刺眼的体
máo hái kě yǐ rǎo luàn dí rén de shì xiàn   fēn sàn dí rén de zhù yì lì   shǐ
毛还可以扰乱敌人的视线，分散敌人的注意力，使
dòng wù yōng yǒu yí dìng de zì
动物拥有一定的自
wèi néng lì
卫能力。

海狮

河马

体温恒定

哺乳类动物调节体温的能力较强，无论冬夏，体温都很恒定，所以不必像许多爬行动物和两栖动物那样进行冬眠或夏眠。

大脑发达

哺乳动物的大脑进化得更加复杂，形成了高级神经中枢。神经元数量大大增加，出现了连接两个大脑半球的横向神经纤维。在动物进化过程中，哺乳动物首次进化出发达的小脑。大脑皮层的空前发达为运算、逻辑提供了必要的基础，这是之前出现的其他动物所不具备的，所以哺乳动物的智商远高于其他非哺乳动物。

用肺呼吸

哺乳动物大多都属于陆生动物，它们已经基本甚至完全脱离了水，所以它们并不用鳃呼吸，而是进化成了用肺呼吸。肺可以使它们在陆地上更加自由地呼吸空气。肺的出现、肺活量的逐渐增强也令它们奔跑的速度更快，适应生存环境的能力更强。

獴

鸭嘴兽——唯一的卵生哺乳动物

鸭嘴兽是当今世界上比较古老、原始，而且珍稀的卵生哺乳动物，现在只生存在澳大利亚的某些地方。

和鸭子很像

鸭嘴兽不仅嘴巴像鸭子，而且脚趾间长着蹼，也能像鸭子那样在水中划水游泳，很适合在水中生活。

鸭嘴兽喜欢在洞穴中生活，它们白天蜷曲在洞里睡觉，傍晚出来到河流、湖泊里活动。

哺乳动物也生蛋

作为哺乳动物，鸭嘴兽最独特之处是卵生，而非胎生的。它们每次最多可产3个卵。卵的样子有些像乌龟卵，但比麻雀卵还小，彼此粘在一起。孵化约两个星期后，小宝宝就出生了。幼崽要经过三四个月才能长大。因为鸭嘴兽以体内分泌的乳汁哺育幼崽，体上有毛，所以说它是哺乳动物。

鸭嘴兽

浣熊——讲卫生的小偷

浣熊个头较小，一般只有7～14千克重，栖息在池塘和小溪旁树木繁茂的地方，它们的触觉十分灵敏。在严寒的冬季，浣熊会藏匿起来。

讲卫生

浣熊特别讲卫生。吃东西前，总是要先把食物在水中清洗一下，这种"清洗食物"的好习惯值得我们学习。浣熊的爪子很厉害，可以捕食淡水中的虾、鱼等水生动物。

调皮的小强盗

在北美洲，浣熊偶尔会闯入一些居民家中。它们十分熟练地打开冰箱，拧开糖罐盖子，或把放在桌子上馅饼里的樱桃酱挖出来，美美地饱餐一顿，那样子俨然是屋子的主人。浣熊真是太捣蛋了，一进居民家便东摸西拿，翻这翻那，忙个不停，直到把整个屋子搞得乱七八糟才罢休。

xióng —— wài biǎo bèn zhuō, xíng dòng líng huó
熊——外表笨拙，行动灵活

棕熊

熊头圆颈短，躯体粗壮。它们种类不多，仅有8种，分别为大熊猫、美洲黑熊、棕熊、眼镜熊、北极熊、亚洲黑熊、懒熊和马来熊。也有学者认为，大熊猫应该单独划分为大熊猫科。

熊的食性

最早的熊是完全的肉食性动物。经过漫长的进化与发展，现在的熊科动物几乎都已偏离了完全食肉的习性，已成为杂食性动物了。只有北极熊比较特殊，基本上只吃鱼和海豹。

熊的攻击性很强吗

别看熊的块头大，拥有利爪和利牙，仿佛很暴躁的样子，其实它们的性格十分温和。它们从不主动攻击人或动物，也懒得和其他动物起冲突。但如果你因此而得寸进尺，侵犯了它们的地盘，威胁到了它们的幼崽，熊就会认为保护自己的时刻到了。发怒的它们会变得极其危险和可怕。

北极熊

熊很笨拙吗
xióng hěn bèn zhuō ma

熊的体形肥胖，行动缓慢，走起路来慢吞吞的，给人憨憨傻傻、很是笨拙的感觉。其实它们很灵活，追赶猎物时的速度令人吃惊，即使是在崎岖的山路上，依然能够健步如飞。它们的速度可比人类快多了。此外，熊并不都是大块头，马来熊的体重仅45千克左右。

黑熊

黑熊
hēi xióng

黑熊的名字很多：月牙熊、喜马拉雅熊、狗熊、熊瞎子或狗驼子。黑熊的体形在熊类中处于中等。除了一身黑毛外，它最明显的特征是胸前有一块很明显的白色或黄白色的月牙形斑纹，不过这块斑纹的大小和形状在不同的黑熊身上也有很大差异，有的只是一条细线，有的则是一块大三角斑。

黑熊

棕熊

熊猫——中国顶级国宝
xióng māo zhōng guó dǐng jí guó bǎo

熊猫,是我国特有的珍贵动物,也是我国的国宝。它们的脸圆圆的,酷似猫,但其体形和生活习性又和熊相似,所以其本质依然为熊。

数量不多了
shù liàng bù duō le

尽管人们对大熊猫十分爱护,但生活在自然界的大熊猫数量仍在逐年减少,这与它们自身的生活能力差、食性太单一、繁殖能力和防敌能力较弱有关。而人为地破坏山林,使熊猫失去生存之地,再加上天灾、疾病、竹子开花等原因,也导致熊猫数量的骤减。

竹熊
zhú xióng

熊猫以箭竹等十几种竹子为食,所以它们总是在2平方千米左右、有竹子的地区活动。熊猫虽然偶尔也吃肉,但主要还是以竹子为食。它们爱吃

竹子的嫩茎、嫩芽和竹笋，这些都是竹子最有营养、含纤维素最少的地方。熊猫每天除了睡觉或小范围活动外，其余时间都在吃竹子，平均每天取食的时间竟达14个小时左右，可吃进约35千克竹子。因为竹子是它们赖以生存的必需品，所以人们又将熊猫称为"竹熊"。

撒尿表地位

近几年，在野外观测的科学家发现了这样一个有趣的现象：雄性野生熊猫会通过撒尿来显示自己的地位。当它们要在树上留下气息记号时，会抬起一条后腿，用力地把尿往树的高处撒去。尿撒得越高，雄性大熊猫在群体中的地位就越高，自然就容易得到雌性的青睐。

猫鼬——动物界的太阳能电池板

猫鼬又叫狐獴，这种可爱、早熟且喜欢群居的动物生活在地球上最炎热、最干旱的非洲南部。据说，它们性情凶暴起来足以杀死一条眼镜蛇。

天生有副"太阳镜"

猫鼬长着黑色的眼睛，眼睛周围有一圈黑色块，远远看去，就像戴着一副太阳镜。这副太阳镜不仅看起来漂亮，而且真的有"太阳镜"的功能。凭借着它，即便是在艳阳普照的情况下，猫鼬仍然能够看清楚东西，甚至在直视太阳时，都不会伤到眼睛。如此一来，当它的天敌猛雕在刺眼的阳光中盘旋，企图悄悄来袭时，猫鼬就能透过这副太阳镜轻而易举地发现它，并逃之夭夭。

哨兵最光荣
shào bīng zuì guāng róng

māo yòu de qún tǐ fēi cháng tuán jié yǒu ài
猫鼬的群体非常团结友爱，
zài zhè ge tuán tǐ zhōng jīng cháng huì yǒu yì zhī
在这个团体中经常会有一只
huò duō zhī māo yòu chōng dāng shào bīng de jué sè
或多只猫鼬充当哨兵的角色。
dāng qí tā māo yòu zài mì shí huò zhě xī xì shí
当其他猫鼬在觅食或者嬉戏时，
zǒng huì yǒu yì liǎng zhī māo yòu zài yì páng zhàn gǎng dāng fā xiàn wēi xiǎn kào jìn shí shào bīng jiù
总会有一两只猫鼬在一旁站岗。当发现危险靠近时，哨兵就
huì fā chū jǐng bào qí yú chéng yuán tīng dào jǐng bào shēng jiù huì yǐ zuì kuài de sù dù táo xiàng dì
会发出警报。其余成员听到警报声就会以最快的速度逃向地
xià de dòng xué zhōng huò zhě qí tā de yǎn tǐ zhī xià ér shào bīng zǒng huì dì yī gè cóng dòng kǒu
下的洞穴中或者其他的掩体之下。而哨兵总会第一个从洞口
chū lai guān chá lüè shí zhě de dòng jing zhè shí rú guǒ dí rén hái zài fù jìn tā jiù huì
出来，观察掠食者的动静。这时，如果敌人还在附近，它就会
fā chū chí xù de jiào shēng ràng qí tā chéng yuán dāi zài dòng nèi shǎo ān wú zào ruò shì méi yǒu
发出持续的叫声，让其他成员待在洞内少安毋躁；若是没有
le wēi xié shào bīng jiù huì tíng zhǐ bào jǐng qí tā de chéng yuán jiù kě yǐ ān quán xiàn shēn
了威胁，哨兵就会停止报警，其他的成员就可以安全现身。

豹类——美丽矫健的猫科动物
bào lèi —— měi lì jiǎo jiàn de māo kē dòng wù

豹类是极其凶猛的大型猫科动物，它们体形匀称，行动矫健，毛皮光滑而闪亮，美丽又迷人。

会爬树的花豹
huì pá shù de huā bào

花豹又叫"金钱豹"，毛黄色，密布圆形或椭圆形黑褐色斑点或斑环，分布在非洲南部到乌苏里的广大地区。一般来说，豹各有活动领域，并且独居。豹经常主动进攻猎物，捕猎的对象主要是小型的羚羊、瞪羚和猴子等。花豹爬树的本领很强，三两下就能爬上树顶。有了这个本领，捕食树上的猎物对花豹来说简直是轻而易举。

跑得很快
pǎo de hěn kuài

猎豹是陆上奔跑速度最快的动物，全速奔驰时的时速可以超过110千米。此外，猎豹还是猫科动物中历史最久、最独

花豹

特的品种，它们主要分为非洲猎豹和亚洲猎豹，是所有大型猫科动物中最温顺的一种，除了狩猎，一般不主动攻击，易于驯养，古人曾用其助猎，后来，猎狗才取代了猎豹的位置。

不怕冷的雪豹

雪豹

雪豹属于高山哺乳动物，终年栖息在雪线附近，是栖居海拔最高的猫科动物之一。雪豹体形与金钱豹相似，体色较淡，全身呈灰白色，毛长密而柔软，布有不规则的黑环或黑斑。雪豹白天一般在石洞里休息，夜间才出来觅食，在黄昏或黎明时分最为活跃。到了冬季，因高处觅食困难，就到雪线以下的低处觅食，有时也潜于村庄附近，伺机盗食家畜。

狮子—百兽之王

提起"百兽之王"，大家就会想到威震四方的狮子。

高超的生存本领

非洲狮的组织纪律性很强，它们经常十余只甚至二三十只生活在一起，构成一个大家族。最有战斗力的雄狮被推为"族长"，其余的狮子都听从它的指挥。它们这种家族制对于捕猎很有利：一只有经验的雄狮，从上风处向一群猎物接近，并不停地吼叫，驱赶猎物，猎物吓得赶紧向相反的方向逃跑，然而，它们所逃向的"平安之地"正是雌狮和其他雄狮埋伏好的地方，于是，斑马、羚羊这些可怜的动物就成了狮子家族的美餐。

雌雄差异

狮子两性之间的外形差异极大。野生雄狮平均体长2.5米以上，重可达300千克，而母狮仅相当于雄狮的2/3左右大小，体重最多也只有160千克。雌狮的头部较小，表面布满了短毛，而雄狮头颅硕大，上面长满了极其夸张的长鬃。

狮群中的狩猎者

和其他群居动物不同，狮群中的狩猎工作是由"女性成员"，也就是雌狮完成的。它们总是从四周悄悄地包围猎物，并逐步缩小包围圈。有的雌狮负责驱赶猎物，有的则埋伏在一旁，准备搞突然袭击。每个狮群中的雌狮都很有默契，它们合作捕食的成功率非常高。

最懒的雄狮

别看雄狮块头大，长相威武，其实它们对狮群的贡献非常小。它们是狮群中最懒的成员，不仅很少参与捕猎，而且不愿经常活动。多数情况下，它们的工作似乎只有两件——睡觉和吃。不过这也不能怨它们，它们那夸张而硕大的头颅很容易暴露自己，惊吓到猎物，所以还是隐藏起来为好。

虎——山中之王
hǔ　　　shān zhōng zhī wáng

hǔ shì shān zhōng zhī wáng, yě shì yà zhōu lù dì shang zuì qiáng de shí ròu dòng wù zhī yī zuì
虎是山中之王，也是亚洲陆地上最强的食肉动物之一。最

dà de hǔ tǐ zhòng kě yǐ dá dào qiān kè yǐ shàng wǒ guó yǒu dōng běi hǔ hé huá nán hǔ liǎng gè
大的虎体重可以达到350千克以上。我国有东北虎和华南虎两个

yà zhǒng hǔ
亚种虎。

🐾 最完美的捕食者
zuì wán měi de bǔ shí zhě

hǔ zǒng shì ràng rén chōng mǎn kǒng jù gǎn tóu yuán yuán de yǎn
虎总是让人充满恐惧感：头圆圆的，眼

jing shǎn zhe ruì guāng cū zhuàng de wěi ba rú tóng yì tiáo gāng biān tā
睛闪着锐光，粗壮的尾巴如同一条钢鞭。它

men yǎn guān liù lù ěr tīng bā fāng bí xiù qiān lǐ xìng qíng
们眼观六路，耳听八方，鼻嗅千里，性情

xiōng měng lì qi chāo qún zǒu qǐ lù lái wēi fēng lǐn lǐn
凶猛，力气超群，走起路来威风凛凛，

nù xiào shí shēng zhèn shān hé gèng kě pà de shì
怒啸时声震山河。更可怕的是，

hǔ bù jǐn pǎo de kuài zhàn dòu lì qiáng ér qiě hái
虎不仅跑得快，战斗力强，而且还

shì yóu yǒng gāo shǒu pá shù zhuān jiā dòng wù
是游泳高手、爬树"专家"。动物

men jiàn le hǔ zì rán dōu táo zhī yāo yāo táo bù tuō
们见了虎自然都逃之夭夭，逃不脱

de zé chéng le hǔ de shí wù lián rén yě shì tán
的则成了虎的食物，连人也是谈

hǔ sè biàn
虎色变。

bú guò jí shǐ guì wéi dòng wù zhī wáng hǔ de
不过即使贵为动物之王，虎的

shēng cún huán jìng yě méi bǐ qí tā dòng wù hǎo dào nǎr qù
生存环境也没比其他动物好到哪儿去，

yǒu xiē zhǒng lèi yǐ jīng miè jué le yǒu xiē zé zǒu dào le miè jué de
有些种类已经灭绝了，有些则走到了灭绝的

虎会爬高

虎会游泳

biān yuán
边缘。

shān zhōng zhī wáng
山中之王

lǎo hǔ chǔ yú shí wù liàn de dǐng duān　　tā men méi yǒu
老虎处于食物链的顶端，它们没有
tiān dí　　jiù lián láng　bào　xióng děng tóng yàng xiōng měng
天敌，就连狼、豹、熊等同样凶猛
de shí ròu dòng wù hé lǎo hǔ xiāng yù　　yě yào zhuǎn shēn táo
的食肉动物和老虎相遇，也要转身逃
zǒu　　lǎo hǔ de lǐng dì yì shí jí qiáng　　měi zhī xióng hǔ zhàn lǐng
走。老虎的领地意识极强，每只雄虎占领
yí kuài lǐng dì zhī hòu　　jué bù róng xǔ qí tā dà xíng shí ròu dòng wù hé tā
一块领地之后，绝不容许其他大型食肉动物和它
yì qǐ zhēng bǔ shí wù　　tā huì yòng wǔ lì jiāng qí tā xiōng měng de shí ròu dòng wù qū zhú chū
一起争捕食物，它会用武力将其他凶猛的食肉动物驱逐出
qu　zì jǐ　　zhàn shān wéi wáng
去，自己"占山为王"。

037

狼——全能的捕猎者

狼有着凶恶的眼神、可怖的脸庞，常常在黑夜中嚎叫。在童话和动画片中，狼常被描述为残忍无情的坏蛋。

生性凶残

狼是一种性情凶恶的动物，它们会用群力合作、围攻堵截的方式追捕猎物。一旦有某一只动物成为狼群追猎的目标，它逃生的希望是微乎其微的。狼不仅群起攻击熊、鹿等大型动物，危害猪、羊等牲畜，还残食受伤的同类。

种群内斗争激烈

狼喜欢群居，每个群中的狼多在6~12只之间，在冬天寒冷的时候，甚至会有50多只。狼的社会管理井井有条。在狼群中，只有一对狼享有最高地位，它们就是狼群的首领——狼王和王后。狼群是母权制的社会，在狼群中，公狼为争夺首领地位而搏斗，而母狼争夺王后的斗争比公狼间的斗争更加激烈。群狼对头领很敬畏，常常通过身体语言示好，比如俯下身子，耷拉着耳朵，垂着尾巴，好像在说："尊敬的头领，我会服从您的安排。"

家庭观念极强

狼有着极强的家庭观念。群体中的小狼，不仅可以受到自己父母的细心呵护，就连其他成员也对它们关心备至、爱护有加。为了使幼狼更好地成长，有的狼群竟然出现了"育儿所"，将小狼集中在一起，由母狼轮流抚育。由此可见，它们真的很团结。

不同的狼

草原狼一般体形比较大，而生活在森林中的狼身材中等，郊狼最小。大型的狼体重可达80多千克，而小型的狼却只有10千克左右。常见的狼有灰、黄两种颜色，在寒冷的地方能见到全身雪白的白狼。有的狼背上像披了件上好的黑缎，也出现过拥有紫蓝色毛皮的狼。

hú — měi lì de zhì duō xīng
狐——美丽的智多星

hú shì quǎn kē dòng wù　　shì zhùmíng de zhōng xiǎo xíng shòu lèi　　sú chēng　hú li
狐是犬科动物，是著名的中小型兽类，俗称"狐狸"。

hú　 lí　bù tóng lèi
狐、狸不同类

cóng fēn lèi xué shàng jiǎng　　hú hé　lí　shì liǎng zhǒng quǎn kē dòng
从分类学上讲，狐和狸是两种犬科动

wù　　hú de yàng zi yǒu diǎnr　xiàng chái　dàn bǐ chái yào xiǎo　　tā
物。狐的样子有点儿像豺，但比豺要小。它

men shēn cháng　　　mǐ zuǒ yòu　　tǐ zhòng　　　　qiān kè　wěi cháng
们身长0.7米左右，体重6～7千克，尾长

yuē　　　　mǐ
约0.45米。

hú yǒu liǎng gè tè zhēng　一 shì wěi ba cū yòu cháng　wěi
狐有两个特征：一是尾巴粗又长，尾

jiān bái sè　　　èr shì ěr duo bèi miàn wéi hēi sè　　sì zhī de
尖白色；二是耳朵背面为黑色，四肢的

yán sè bǐ shēn tǐ de yán sè shēn　　hú de máo sè yīn suǒ qī
颜色比身体的颜色深。狐的毛色因所栖

xī de huán jìng bù tóng ér chā bié hěn dà　　yǒu hè sè　huáng
息的环境不同而差别很大，有褐色、黄

hè sè　　huī hè sè　　hóng sè　　hēi sè hé hēi máo dài bái jiān de
褐色、灰褐色、红色、黑色和黑毛带白尖的。

shì yìng xìng qiáng
适应性 强

hú de shì yìng xìng hěn qiáng　　qī xī zài sēn lín　cǎo yuán　qiū líng　huāng mò
狐的适应性很强，栖息在森林、草原、丘陵、荒漠

děng gè zhǒng huán jìng zhōng　　shèn zhì chū mò zài chéng jiāo hé cūn zhuāng fù　jìn　　hú de
等各种环境中，甚至出没在城郊和村庄附近。狐的

tuǐ suī rán jiào duǎn　dàn pǎo qǐ lai fēi cháng kuài　bú shì suǒ yǒu de gǒu dōu zhuī de
腿虽然较短，但跑起来非常快，不是所有的狗都追得

shàng de　　yè jiān　　hú de yǎn jing néng fā chū liàng guāng　yuǎn kàn hǎo xiàng ruò yǐn
上的。夜间，狐的眼睛能发出亮光，远看好像若隐

ruò xiàn de dēng guāng
若现的灯光。

狐的警惕性很高，尤其是在生殖时期。如果谁不经意间发现了它窝里的小狐，它就会在当天晚上搬家，以防不测。

大尾藏玄机

狐身上最有特点的要数那条长长的大尾巴了。在尾巴的根部有一个小孔，这个小孔是狐狸最具有杀伤力的武器。每当遇到危险，小孔中就会放出令人难以忍受的刺鼻臭气，使敌人立刻逃避。

有勇有谋

狐力气很大，它既能猎杀梅花鹿的幼崽，也能捕捉黄鼬等小型食肉动物。当然，狐猎杀别的动物不光靠力气，最主要靠智慧和谋略，讲究战术。狐逃避敌害和脱离危险更多地也是靠智慧，比一般动物技高一筹。

dài shǔ mā ma de dài zi zuì yǒu míng
袋鼠——妈妈的袋子最有名

dài shǔ shǔ bǔ rǔ gāng yǒu dài mù dài shǔ kē　　shì ào dà lì yà tè yǒu de dòng wù　　dài shǔ fēi
袋鼠属哺乳纲 有袋目袋鼠科，是澳大利亚特有的动物。袋鼠非

cháng shàn yú tán tiào　　kān chēng shòu lèi zhōng de tiào yuǎn guàn jūn
常 善于弹跳，堪 称 兽类中的跳远冠军。

zhù míng de yù ér dài
🐾 著名的育儿袋

zài cí dài shǔ dù zi zhōu wéi yǒu yí gè yóu pí mó gòu chéng de yù ér dài
在雌袋鼠肚子周围有一个由皮膜构成的育儿袋，

dài shǔ　　jiù yóu cǐ ér dé míng
"袋鼠"就由此而得名。

zhè ge yù ér dài duì dài shǔ yù chú
这个育儿袋对袋鼠育雏

hěn yǒu bāng zhù　　gāng shēng
很有帮助：刚 生

xià de yòu zǎi xiǎo de kě
下的幼崽小得可

lián tǐ cháng jǐn　　lí mǐ
怜，体长仅2厘米，

hái bù rú yì gēn qiān bǐ cū　　bàn tòu
还不如一根铅笔粗，半透

míng　　jiǎn zhí xiàng gè xiǎo chóng　　gēn běn wú
明，简直像个小虫，根本无

fǎ dú lì shēng huó　　zhè shí de yòu zǎi zhǐ
法独立生活，这时的幼崽只

yǒu duǒ zài mā ma dù zi shang de yù ér dài
有躲在妈妈肚子上的育儿袋

li　　zài lǐ miàn xī shǔn rǔ zhī　　cái néng
里，在里面吸吮乳汁，才能

jiàn jiàn zhǎng dà
渐渐长大。

袋鼠是拳击高手

第五条腿
dì wǔ tiáo tuǐ

袋鼠的"第五条腿"又
粗又长，肌肉发达。在跳跃的时候，
这第五条腿可以帮助它们保持身体
的平衡；缓慢行走时，这第五条腿还
可以支撑地面，帮助行走。这神奇而
多功能的第五条腿到底为何物？相信
小朋友们肯定猜出来了，这就是袋鼠的尾巴。

素食主义者
sù shí zhǔ yì zhě

袋鼠是绝对的素食主义者，它们喜欢吃植物的茎叶，尤其
喜欢吃鲜嫩的青草。如果行走于雨后的林中，偶然看到大大的
蘑菇，它们也会毫不犹豫地将其咬下，并迅速吞入肚中。

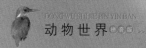

动物世界

松鼠——大尾巴的小动物

松鼠是典型的树栖小动物，体长20～28厘米，尾长15～24厘米，体重300～400克。它们乖巧、驯良、行动敏捷，非常惹人喜爱。

菜谱丰富，荤素搭配

松鼠喜欢吃素，但偶尔也吃荤食。它的素食主要以红松、云杉、冷杉、落叶松、樟子松和榛子、橡子的干果以及种子为主；荤食主要以昆虫、幼虫、蚁卵和其他小动物等为主。

慢慢换冬衣

一到夏季，松鼠全身的毛发都会变成红色，到了秋天则会更换为一件黑灰色的外衣。这层冬毛会紧密地覆盖在松鼠的全身。松鼠一年换两次毛，春天的时候脱下冬衣，换上夏装，秋天的时候则换上冬装。松鼠可不是一下子就换完全身的毛，而是按照一定的顺序，一点点地换毛。因为松鼠喜欢用后腿坐着，接触地面的地方会变冷，所以换冬装时先从屁股开始，然后是背部、耳朵、脖子，四肢……就像人类穿衣服一样，井然有序。

发育缓慢、成熟早

初生的松鼠全身无毛，眼睛亦不明。8天后，松鼠开始长毛，30天以后才能睁开眼睛，45天能食用僵硬的果实，而且行动也变得十分敏捷。此外，松鼠还具有成熟早的特点。幼鼠出生8~9个月开始性成熟，即出生第二年便可配偶、繁殖。

北小麝鼩——最小的哺乳动物

北小麝鼩是世界上最小的哺乳动物，体重4～8克，体长5～7厘米，尾长2.5～4厘米。也就是说，这个小家伙只比乒乓球大一点点。

不折不扣的大胃王

别看北小麝鼩个头小，饭量可真是惊人。在农作物交替种植的季节，它们总是在不停地寻找食物。到了冬天，它们就会从早到晚不停地吃，一天之内就能吃进相当于自己体重2~3倍的食物。北小麝鼩不断地进食是为了增加身体的热量，保持体温。这是因为，它们的体温是哺乳动物中最高的，能够达到40℃以上。如果没有食物，它们大

gài yì tiān dōu huó bú xià qu
概一天都活不下去。

借住他人房
jiè zhù tā rén fáng

běi xiǎo shè qú dà duō shēng huó zài kū zhī luò yè céng xuě xià huò xiá cháng de dì gōu
北小麝鼩大多生活在枯枝落叶层、雪下或狭长的地沟

lǐ yě yǒu de duǒ zài yán shí gǔ shù xià yǐ jí gè zhǒng rú chóng kuò yú kūn
里，也有的躲在岩石、古树下，以及各种蠕虫、蛞蝓、昆

chóng qī xī de dì fang yīn wèi shēn cái jiāo xiǎo zhè ge xiǎo jiā huo tōng cháng bù dǎ dòng
虫栖息的地方。因为身材娇小，这个小家伙通常不打洞，

ér shì chū mò yú yǎn shǔ huò zhě qí tā niè chǐ dòng wù de jiā li yīn wèi yí gè xiǎo xiǎo
而是出没于鼹鼠或者其他啮齿动物的家里，因为一个小小

de dòng jiù zú yǐ ràng běi xiǎo shè qú dà yáo dà bǎi de chū rù
的洞就足以让北小麝鼩大摇大摆地出入。

怪体味，保性命
guài tǐ wèi bǎo xìng mìng

zài yě wài wēn shùn jiāo xiǎo de dòng wù nán miǎn huì chéng wéi liè shí zhě de mù biāo
在野外，温顺娇小的动物难免会成为猎食者的目标。

tián shǔ jiù cháng cháng huì chéng wéi fēi qín zǒu shòu men de pán zhōng cān dàn shì běi xiǎo
田鼠就常常会成为飞禽走兽们的盘中餐。但是，北小

shè qú què bú dà huì yǒu zhè yàng de fán nǎo zhè shì yīn wèi tā men de shēn shang zhǎng yǒu
麝鼩却不大会有这样的烦恼，这是因为它们的身上长有

fēn mì guài wèi de xiàn tǐ yīn cǐ hún shēn dōu sàn fā zhe yì gǔ nán wén de wèi dào zhǐ
分泌怪味的腺体，因此浑身都散发着一股难闻的味道。只

yǒu māo tóu yīng bù xián qì běi xiǎo shè qú shēn shang de guài wèi dào yīn cǐ běi xiǎo shè qú
有猫头鹰不嫌弃北小麝鼩身上的怪味道。因此，北小麝鼩

jīng cháng dà yáo dà bǎi de chuān xíng zài kū zhī luò yè hé yán shí fèng xì zhī zhōng
经常大摇大摆地穿行在枯枝落叶和岩石缝隙之中。

象——最大的陆地动物
xiàng zuì dà de lù dì dòng wù

象的身材魁梧，四肢粗大，长有
xiàng de shēn cái kuí wu sì zhī cū dà zhǎng yǒu

长长的鼻子和大蒲扇似的耳朵。它们喜
cháng cháng de bí zi hé dà pú shàn shì de ěr duo tā men xǐ

欢群居于丛林、草原和河谷地带，是世界
huan qún jū yú cóng lín cǎo yuán hé hé gǔ dì dài shì shì jiè

上最大的陆地动物。
shang zuì dà de lù dì dòng wù

🐾 动物中的大胃王
dòng wù zhōng de dà wèi wáng

象的体形庞大，所需热量极多，而它们的食物又都是植物，
xiàng de tǐ xíng páng dà suǒ xū rè liàng jí duō ér tā men de shí wù yòu dōu shì zhí wù

所含热量少，于是它们不得不总是补充能量，这也是它们食
suǒ hán rè liàng shǎo yú shì tā men bù dé bù zǒng shì bǔ chōng néng liàng zhè yě shì tā men shí

量大的原因。一头成年象每天的食物
liàng dà de yuán yīn yì tóu chéng nián xiàng měi tiān de shí wù

重量竟达220千克以上。这个数字真
zhòng liàng jìng dá qiān kè yǐ shàng zhè ge shù zì zhēn

的很惊人，足以证明它们是无与伦比
de hèn jīng rén zú yǐ zhèng míng tā men shì wú yǔ lún bǐ

的大胃王。
de dà wèi wáng

象鼻的作用

象常用鼻子卷起一根香蕉或其他果实送入口中，这时，长鼻子就是象的取食工具；在河边，象总将长长的象鼻伸到水里，将河水吸入口中解渴，这时的象鼻就是象的饮水工具；如果遇到危险，象还会用象鼻抽打或卷起敌人，这时的象鼻又会变成象的自卫工具。

象不能倒下

象终其一生都不能倒下，即使是睡觉的时候都依然站立着。难道它们不累吗？其实，这是象的一个天性，也是象的一种无奈。由于身躯庞大，重量惊人，它们的内脏承受着巨大的压力，一旦倒下，压力更大，内脏无法负荷重压，就会破裂受损，从而引起身体不适，甚至生病的情况。

刺猬——机灵的刺球

cì wei

jī ling de cì qiú

圆滚滚的身体，小小的脑袋，四条短短的腿，一条小尾巴，再加上满身的长刺，看上去活像是扎满了刺的皮球，这就是刺猬。

刺的妙用

刺猬身上长着粗短的棘刺，连短小的尾巴也埋藏在棘刺中。这些刺的最大作用是防卫。当遇到敌人袭击时，它们就把头朝腹面弯曲，身体蜷缩成一团，包住头和四肢，将刺露在外面，使敌人无从下手。它们可以长时间地保持这种姿势，直到危险

guò qu
过去。

　　cì de lìng yí gè zuò yòng shì qǔ shí　　cì wei ài chī píng guǒ chóng zi hé pú tao dāng
　　刺的另一个作用是取食。刺猬爱吃苹果、虫子和葡萄，当
tā men fā xiàn dì shang yǒu píng guǒ huò pú tao shí　jiù zài dì shang dǎ gǔn　yòng shēn shang de
它们发现地上有苹果或葡萄时，就在地上打滚，用身上的
cì bǎ shí wù láo láo de zhā zhù　rán hòu zài bēi huí wō li qù màn màn xiǎng yòng
刺把食物牢牢地扎住，然后再背回窝里去慢慢享用。

jìn shì yǎn huì yóu yǒng
近视眼，会游泳

　　cì wei shì jìn shì yǎn　zhǐ néng kàn qīng　lí mǐ yǐ nèi de dōng xi　píng shí tā men huó
　　刺猬是近视眼，只能看清3厘米以内的东西。平时它们活
dòng de shí hou zhǔ yào yī kào de shì xiù jué　jiù lián bǔ shí dōu shì yī kào nà líng mǐn de xiù jué
动的时候主要依靠的是嗅觉，就连捕食都是依靠那灵敏的嗅觉
ne　lìng wài　cì wei yě huì yóu yǒng
呢！另外，刺猬也会游泳。

dōng jì shuì dà jiào
冬季睡大觉

　　cì wei yǒu dōng mián de xí xìng　qiū jì jí jiāng jié shù shí　tā men biàn huì zhǎo gè wēn nuǎn
　　刺猬有冬眠的习性。秋季即将结束时，它们便会找个温暖
ān quán de dì fang shuì dà jiào　yǒu qù de shì　shuì jiào de shí hou　tā men hái huì xiàng rén yí
安全的地方睡大觉。有趣的是，睡觉的时候，它们还会像人一
yàng dǎ hū lu　yì bān qíng kuàng xià　zhí dào dì èr nián chūn jì　qì wēn huí nuǎn dào yí dìng
样打呼噜。一般情况下，直到第二年春季，气温回暖到一定
chéng dù shí　cì wei cái xǐng lái　yīn wèi guò zǎo xǐng lái de huà kě néng bèi dòng sǐ　jué dà duō
程度时，刺猬才醒来，因为过早醒来的话可能被冻死。绝大多
shù cì wei dōu dōng mián　fēn bù zài ā lā bó　sā hā lā shā mò de shā mò cì wei hái yǒu xià
数刺猬都冬眠，分布在阿拉伯、撒哈拉沙漠的沙漠刺猬还有夏
mián de xí xìng
眠的习性。

豪猪——满身刺的大胖子
háo zhū —— mǎn shēn cì de dà pàng zi

háo zhū shēn shang zhǎng mǎn le cháng cháng de jiān cì xíng zǒu qǐ lai shí fēn wēi fēng tā men ài
豪猪身上长满了长长的尖刺，行走起来十分威风。它们爱

zhù zài chuān shān jiǎ hé bái yǐ de cháo xué huò tiān rán shí dòng li yǒu shí hou yě zì jǐ dǎ dòng zhù
住在穿山甲和白蚁的巢穴，或天然石洞里，有时候也自己打洞住。

tā men zhòu fú yè chū huó dòng lù xiàn jiào gù dìng
它们昼伏夜出，活动路线较固定。

一身尖刺
yì shēn jiān cì

háo zhū pàng hū hū de ròu zhì xiān měi rán ér xiōng
豪猪胖乎乎的，肉质鲜美，然而凶

měng de shí ròu dòng wù què hěn shǎo zhāo rě tā chú fēi è de
猛的食肉动物却很少招惹它，除非饿得

shòu bù liǎo le zhè zhǔ yào shì yīn wèi tā men jì dàn háo zhū shēn
受不了了。这主要是因为它们忌惮豪猪身

shang de jiān cì
上的尖刺。

háo zhū cháng cháng de máo fà zhōng cáng zhe mì mì wǔ
豪猪长长的毛发中藏着秘密武

qì liǎng wàn gēn jiān cì dāng tā men shòu dào wēi xié shí zhè xiē cì huì shù qǐ
器——两万根尖刺。当它们受到威胁时，这些刺会竖起

lai bìng gā bēng zuò xiǎng jǐng gào gōng jī zhě lí yuǎn diǎnr rú
来并"嘎嘣"作响，警告攻击者离远点儿；如

guǒ gōng jī zhě hái bù zǒu kāi háo zhū jiù huì bèi duì zhe tā
果攻击者还不走开，豪猪就会背对着它

chōng guò qu háo zhū de cì cì jìn rén huò dòng wù
冲过去。豪猪的刺刺进人或动物

de pí fū li jiù hěn nán bá chū lai tā men yì
的皮肤里，就很难拔出来，它们易

yǐn qǐ shāng kǒu gǎn rǎn gěi shāng zhě dài lái jù
引起伤口感染，给伤者带来巨

dà de tòng kǔ shèn zhì dǎo zhì sǐ wáng
大的痛苦，甚至导致死亡。

不太招农民喜欢

豪猪的主要食物是植物的根、茎，以及农田中的玉米、薯类、花生、瓜果和蔬菜等。所以在很多地区，农民都遭受了豪猪之害。据说豪猪特别喜欢吃盐，有时它们会啃人的汗手握过的工具把柄，只是为了得到其中的一些盐分。

攀爬能手

在亚非欧大陆和美洲大陆都有豪猪生活。亚非欧大陆的豪猪只生活在地面上，美洲的豪猪却会爬树。北美豪猪约1米长，体形显得很笨拙，但它们爬树很厉害；南美豪猪又叫"卷尾树豪猪"，这种豪猪的尾巴能卷住树枝，所以它们也是攀爬能手。

053

鼠——生存专家
shǔ　　　　shēng cún zhuān jiā

shǔ de zhǒng lèi hěn duō　　　　shì yìng xìng qiáng　　fēn bù zài shì jiè gè dì
鼠的种类很多，适应性强，分布在世界各地，

cháng jiàn de yǒu lǎo shǔ　　sōng shǔ　　jīn huā shǔ　　tǔ bō shǔ děng
常见的有老鼠、松鼠、金花鼠、土拨鼠等。

🐾 松鼠
sōng shǔ

sōng shǔ shì yì zhǒng xiǎo qiǎo mǐn jié de niè chǐ dòng wù　　dà bù
松鼠是一种小巧敏捷的啮齿动物，大部

fēn shí jiān dōu shēng huó zài shù shang　　hòu tuǐ qiáng zhuàng yǒu lì　　máo sè
分时间都生活在树上，后腿强壮有力，毛色

chéng huī sè　　hēi sè huò hóng sè
呈灰色、黑色或红色。

sōng shǔ yì bān dōu yǒu yì tiáo máo róng róng　　cháng cháng de wěi ba　　zhè
松鼠一般都有一条毛茸茸、长长的尾巴，这

shì tā men zài shù shang mǐn jié tiào yuè shí bù néng quē shǎo de
是它们在树上敏捷跳跃时不能缺少的。

zài qiū jì shí　　sōng shǔ cháng cǎi jí hěn duō guǒ shí　　mái zài tǔ li huò cáng zài
在秋季时，松鼠常采集很多果实，埋在土里或藏在

shù dòng li　　yǐ bèi guò dōng
树洞里，以备过冬。

松鼠

鼹鼠不属于鼠类

老鼠 lǎo shǔ

老鼠是一种啮齿动物，体形有大有小，种类很多。它们数量繁多，繁殖速度很快，生命力很强，几乎什么都吃，在什么地方都能生存。它们会打洞，经常糟蹋粮食，传播疾病，对人类危害极大，一直是人类打击的对象。

老鼠

金花鼠 jīn huā shǔ

金花鼠是松鼠家族中体形较小的成员。它们既会爬树，又会挖洞，但大部分时间喜欢在地面活动。背上有5条黑色纵纹是它们最显著的特征。金花鼠嗅觉灵敏，极爱干净，总是不停地修饰自己。它们一生主要的工作就是不停地扩展自己的地下洞穴，挖的隧道可长达10米。

金花鼠

土拨鼠 tǔ bō shǔ

土拨鼠，也叫"旱獭"，主要分布于北美大草原以及加拿大等地区。土拨鼠善于挖掘地洞，其洞穴通常都会有两个以上的入口。它们还具备游泳及攀爬的能力。

树袋熊——最挑食的家伙
shù dài xióng　　zuì tiāo shí de jiā huo

shù dài xióng zhù zài shù shang　hé dài shǔ yí yàng　tā men de dù zi qián miàn
树袋熊住在树上，和袋鼠一样，它们的肚子前面

yě yǒu yí gè yù ér dài　ér qiě　　tā men yě shì ào dà lì yà de guó bǎo
也有一个育儿袋。而且，它们也是澳大利亚的国宝。

懒惰可爱
lǎn duò kě ài

shù dài xióng yǒu yí gè tè bié de chēng hào　　　shù lǎn xióng
树袋熊有一个特别的称号——"树懒熊"。

tā men dí dí què què shì dà lǎn chóng　měi tiān píng jūn yào shuì　gè xiǎo shí
它们的的确确是大懒虫，每天平均要睡18个小时，

sì hū zěn me shuì yě shuì bú gòu　　jí shǐ shuì xǐng le　　yě bú yuàn yì duō huó dòng　yī rán pā
似乎怎么睡也睡不够。即使睡醒了，也不愿意多活动，依然趴

zài shù gàn shang huò zuò zài shù shang shài tài yáng　　jiǎ rú shí zài yǒu shì qíng xū yào zǒu dòng　tā
在树干上或坐在树上晒太阳。假如实在有事情需要走动，它

men de bù fá yě zǒng shì màn tūn tūn de
们的步伐也总是慢吞吞的。

挑食的考拉
tiāo shí de kǎo lā

shù dài xióng yòu jiào kǎo lā　　kǎo lā　　yuán yú tǔ zhù wén zì　　shì　　bù hē shuǐ
树袋熊又叫考拉。"考拉"源于土著文字，是"不喝水"

de yì si　　shù dài xióng de yì shēng　chú le shēng bìng hé qì hòu gān hàn zhī wài　　cóng bù hē
的意思。树袋熊的一生，除了生病和气候干旱之外，从不喝

shuǐ　　nà tā men wèi shén me yī rán huó de jiàn kāng ér kuài lè ne　zhè shì yīn wèi tā men wéi
水。那它们为什么依然活得健康而快乐呢？这是因为它们唯

yī de shí wù　　ān shù yè zhōng hán
一的食物——桉树叶中含

yǒu dà liàng de shuǐ fèn　　shù dài xióng yī
有大量的水分。树袋熊依

kào tā men　　jiù kě yǐ huò qǔ shēn tǐ suǒ
靠它们，就可以获取身体所

xū shuǐ fèn de
需水分的90%。

树袋熊

河马——大块头的胆小鬼

河马是一种大型杂食性哺乳动物,很喜欢泡在水里。

个头大,胆子小

河马长得凶,胆子却出奇的小。倘若在晚上,你用手电筒突然照射它的双眼,它会大吃一惊,双目圆瞪,然后飞快地来个180°的大转弯,跌跌撞撞地钻入河中,向远处逃去。

雌雄合理分工

河马家族是不折不扣的母系社会,如果有谁胆敢不听话,统治全家的雌河马就会打个哈欠,露出它那凸起的犬齿与巨大的门牙,告诫不听话的家伙。如果威胁失效,它就会立刻动用武力。

雄河马总是待在河的外围,而把河的中心部位留给了雌河马和河马宝宝。因为中心位置是最安全的地带,雄河马在外围层层围绕可以起到很好的保护作用。

🐾 五官长在头顶上

河马的长相实在是有些对不起观众，它就像一只硕大无比的猪。短而粗壮的四肢支撑着水桶状的身躯，嘴巴大大的，眼睛小小的，看上去实在可笑。最有趣的是，河马的鼻孔是朝天的，眼睛和耳朵都长在头顶上。其实河马自己也不想长成这副模样，但是这样的五官有利于它在水中生活。我们都知道，河马经常将整个身子没入水中，这时它只需要稍稍露出一点儿脑袋，耳朵、眼睛和鼻子就能露出水面。如此一来，河马不仅能够很好地隐藏自己，还可以自由呼吸。

🐾 其实是个暴脾气

别看河马平时性情温和，喜欢静静地在水里吃草、发呆、睡觉。但是不要以为河马好欺负，一旦发起脾气来，它就会和同伴打架，它们各自用自己锋利的牙齿去刺伤对方厚厚的皮肤。有时在河里发起怒来，它敢顶翻小船，把船咬成两段，十分可怕！

经常流"血"，从不就医

河马的身体上经常会渗出红色的液体，就像是在流血一样。但是它们从来也不会在意。原来，河马的皮肤分泌出来的粉红色液体是一种"血"汗，这种黏液就是河马的"润肤霜"。河马的皮肤长时间离开水就会干裂，特别是在炎热的夏天，这时，河马的皮肤就会分泌出一种粉红色的类似于血液的油脂汗。这种黏液可以帮助河马滋润皮肤，其中的红色素还能反射紫外线，更重要的是，这种"血"汗中含有抗生素成分，可以帮助河马消毒和治疗伤口。

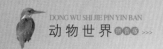

河狸——水上建筑师

河狸是一种水陆两栖的哺乳动物，体长约80厘米，尾巴扁平。它是世界上现存最古老的动物之一，有"野生世界中的建筑师"和古脊椎动物"活化石"之称。

憨厚可爱的模样

河狸是啮齿动物，长得很像老鼠。但是它的体型要比老鼠大得多。河狸的五官都很小巧，脖子很短，但却长着一个圆滚滚的身体，看起来十分可爱。河狸的前肢短而宽，后肢较为粗大，由于是水陆两栖动物，所以河狸的后肢脚趾之间长着能够划水的蹼。有意思的是，河狸还长着搔痒趾。它的第4趾十分特殊，有双爪甲，一为爪形，一为甲形。除此之外，河狸的尾巴大且宽，上下扁平，覆盖着角质鳞片，而背部和腹部都长着体毛。背部是光亮而粗壮的针毛，腹部是柔软而厚实的绒毛。针毛呈黄棕色，河狸脑袋和肚子上的绒毛都是

huī zōng sè de　　zǒng zhī　　hé lí zhěng tǐ kàn qǐ lai jiù xiàng yí gè máoróngróng de xiǎoyuán qiú
灰棕色的。总之，河狸整体看起来就像一个毛茸茸的小圆球。

wèi chī fàn ér máng lù
为吃饭而忙碌

hé lí xǐ huan de shí wù yǒu hěn duō　　nèn zhī
河狸喜欢的食物有很多：嫩枝、

shù pí　shù gēn　shuǐ shēng zhí wù　　hái yǒu yáng
树皮、树根，水生植物，还有杨

shù　liǔ shù de yòu nèn zhī yè jí shù pí　xià tiān
树、柳树的幼嫩枝叶及树皮。夏天

dào lái de shí hou　hé lí yě zài àn biān cǎi shí cǎo
到来的时候，河狸也在岸边采食草

běn zhí wù　　bǐ rú chāng pú　shuǐ cōng děng　yóu
本植物，比如菖蒲、水葱等。由

yú jīng cháng chū qu xún zhǎo
于经常出去寻找

shí wù　　hé lí cháo xué fù jìn de àn shang jīng cháng huì bèi cǎi
食物，河狸巢穴附近的岸上经常会被踩

chū gù dìng de dào lù　dào le qiū jì　　hé lí jiù gèng jiā máng
出固定的道路。到了秋季，河狸就更加忙

lù le　yīn wèi tā men yào wèi dōng jì chǔ cún shí wù　zhè shí
碌了，因为它们要为冬季储存食物。这时，

tā men huì jiāng shù zhī yǎo chéng　lí mǐ zuǒ yòu de xiǎo duàn　rán
它们会将树枝咬成10厘米左右的小段，然

hòu xián dào dòng kǒu fù jìn de shēn shuǐ zhōng zhù cáng　yǐ bèi guò dōng
后衔到洞口附近的深水中贮藏，以备过冬

shí shí yòng
时食用。

獴——蛇的克星
mǎng shé de kè xīng

别看獴的个头儿不大，却是捕蛇能
bié kàn měng de gè tóur bú dà què shì bǔ shé néng
手。它们多生活在热带和温带地区，有些
shǒu tā men duō shēng huó zài rè dài hé wēn dài dì qū yǒu xiē
喜欢单独行动，有些则喜欢和大家共同生活。
xǐ huan dān dú xíng dòng yǒu xiē zé xǐ huan hé dà jiā gòng tóng shēng huó

团结互爱
tuán jié hù ài

獴的天敌很多，天上飞的、地上跑的大中型食肉动物，
měng de tiān dí hěn duō tiān shàng fēi de dì shàng pǎo de dà zhōng xíng shí ròu dòng wù
獴都要防备。所幸很多獴有群居的习惯，具有互助互爱的团结
měng dōu yào fáng bèi suǒ xìng hěn duō měng yǒu qún jū de xí guàn jù yǒu hù zhù hù ài de tuán jié
精神。
jīng shén

当一群獴觅食时，总有几只轮流充当卫兵，站在高处警
dāng yì qún měng mì shí shí zǒng yǒu jǐ zhī lún liú chōng dāng wèi bīng zhàn zài gāo chù jǐng
觉地观察四周。成年獴外出时，必定会有两个长辈主动留下
jué de guān chá sì zhōu chéng nián měng wài chū shí bì dìng huì yǒu liǎng gè zhǎng bèi zhǔ dòng liú xià
来照顾幼獴，而且它们通常是幼獴的妈妈。
lái zhào gù yòu měng ér qiě tā men tōng cháng shì yòu měng de mā ma

吃蛋有妙招
chī dàn yǒu miào zhāo

獴喜欢偷吃鸟蛋。它们吃
měng xǐ huan tōu chī niǎo dàn tā men chī
鸟蛋的动作非常滑稽：首先
niǎo dàn de dòng zuò fēi cháng huá ji shǒu xiān

yòng liǎng zhī qián zhǎo bào zhù niǎo dàn　　rán hòu tiào qǐ lai　　bǎ niǎo dàn cóng kuà xià zhì
用 两只前 爪抱住鸟蛋，然后跳起来，把鸟蛋从胯下掷

dào hòu miàn de shí tou shang　niǎo dàn bèi shuāi suì hòu　　tā men biàn kě màn màn xiǎng
到后面的石头上。鸟蛋被摔碎后，它们便可慢慢 享

yòng liú chū lai de dàn qīng hé dàn huáng le
用 流出来的蛋清和蛋 黄了。

灵敏的嗅觉
líng mǐn de xiù jué

měng de xiù jué fēi cháng líng mǐn　　jí shǐ liè wù shēn cáng dì
獴 的嗅觉非常 灵敏，即使猎物深藏地

xià　　yě wú fǎ táo tuō tā men nà líng mǐn de bí zi　　tā men zhǐ yào
下，也无法逃脱它们那灵敏的鼻子。它们只要

zǐ xì yí xiù　　jiù néng lì kè fā xiàn mù biāo de zhǔn què fāng wèi　　rán hòu jiù huì lì jí yòng qián
仔细一嗅，就能立刻发现目标的准确方位，然后就会立即用前

zhǎo hé wěn bí gǒng tǔ　　zhí dào jiāng xǐ ài de shí wù wā jué chū lai
爪和吻鼻拱土，直到将喜爱的食物挖掘出来。

灭鼠小英雄
miè shǔ xiǎo yīng xióng

měng shì rén lèi de hǎo péng you　　shì miè shǔ de néng shǒu　　tā men dòng zuò líng huó　　néng qīng
獴 是人类的好朋友，是灭鼠的能手。它们动作灵活，能轻

yì zuān jìn shǔ dòng　　yǒu shí kě yǐ jiāng wō li de shǔ yì wǎng dǎ jìn　　hěn duō dì fang de rén dōu
易钻进鼠洞，有时可以将窝里的鼠一网打尽。很多地方的人都

zhuān mén qǐng měng lái bǎo hù zhuāng jia hé shù lín　　shì jì shí　　xià wēi yí zhè tián zhōng shǔ
专 门请獴来保护庄 稼和树林。19世纪时，夏威夷蔗田中鼠

hài yán zhòng　měng yí dào　　wèn tí jiù hěn kuài jiě jué le　　suǒ yǐ　　wǒ men yí dìng yào bǎo hù
害严重，獴一到，问题就很快解决了。所以，我们一定要保护

hǎo tā men
好它们。

瞪羚——一出生就会跑

瞪羚身材娇小，体态优美，两只大眼睛炯炯有神，眼球向外凸起，看起来就像瞪着眼一样。

瞪羚家族

现存的瞪羚种类有格兰瞪羚、汤普森瞪羚、印度瞪羚、鹿瞪羚、山瞪羚等。很多瞪羚都是濒危物种，而常见的格兰瞪羚和汤普森瞪羚，由于生存区域太窄，数量也不多。

逃生有绝招

为了避免被食肉动物猎杀，出生仅5分钟的小瞪羚就可以跟随母亲跑动了。尽管速度和弹跳都不及父母，但是它们却更加灵活与敏捷。

每当敌人靠近，瞪羚就会施展出它们对付强敌的一贯做法——逃跑。它们的奔跑速度惊人，最快可达每小时90千米。在跑的过程中它们可以突然转向，令敌人措手不及。瞪羚还擅长跳跃，纵身一跳可高达3米、远达9米。在逃跑的过程中，瞪羚常常边跑边跳，迷惑敌人的视线。

羚角的作用

雄瞪羚的角又长又弯，危险来临之时，双角可以变成锋利的武器。雄瞪羚生性好斗，但它们打斗的对象往往不是强大的肉食性动物，而是自己的同类。尤其在对异性的争夺和领土的主权上，它们一定毫不退让，经常用角的相互顶撞来决定谁是胜者。胜利的一方往往会高昂着头，晃动几下大角，炫耀一番，而战败者则会离开此地，去寻找新的领地。

鹿——运动高手
lù　　　yùn dòng gāo shǒu

鹿有很多种类，分布在世界各地。由于居住地区不
lù yǒu hěn duō zhǒng lèi　fēn bù zài shì jiè gè dì　yóu yú jū zhù dì qū bù

同，鹿的体形、大小、毛色、角的形状都有很大的差异。
tóng　lù de tǐ xíng　dà xiǎo　máo sè　jiǎo de xíng zhuàng dōu yǒu hěn dà de chā yì

习性
xí xìng

鹿是典型的食草性动物，它的食物包括草、树
lù shì diǎn xíng de shí cǎo xìng dòng wù　tā de shí wù bāo kuò cǎo　shù

皮、嫩枝和幼树苗等。鹿有细长的腿，善于奔跑。
pí　nèn zhī hé yòu shù miáo děng　lù yǒu xì cháng de tuǐ　shàn yú bēn pǎo

它们生性胆小，平时很警觉，一般白天休息，早晨
tā men shēng xìng dǎn xiǎo　píng shí hěn jǐng jué　yì bān bái tiān xiū xi　zǎo chen

和傍晚出来觅食。
hé bàngwǎn chū lai mì shí

长颈鹿
cháng jǐng lù

长颈鹿的颈很长，头顶到地面的距离可达4.5～
cháng jǐng lù de jǐng hěn cháng　tóu dǐng dào dì miàn de jù lí kě dá

6.1米。它的嘴唇和舌头也能够伸得很长，
mǐ　tā de zuǐ chún hé shé tou yě néng gòu shēn de hěn cháng

这可以弥补它的颈部过长之不足。
zhè kě yǐ mí bǔ tā de jǐng bù guò cháng zhī bù zú

长颈鹿很少饮水，甚至几星期
cháng jǐng lù hěn shǎo yǐn shuǐ　shèn zhì jǐ xīng qī

长颈鹿

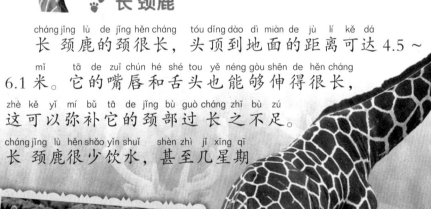

麋鹿

都可以滴水不进，其身体所需的水分常常是靠咀嚼针叶食物和草等来供应。长颈鹿性情温和，但对敌人毫不客气。它的四只赛似铁锤的巨蹄，据说能够踢死一头猛狮。长颈鹿的头顶上还长有角，这对软角只有几厘米长，主要是用来与情敌决斗用的。

麋鹿

麋鹿是一种哺乳动物，它的毛呈淡褐色。它的角似鹿，面似马，蹄似牛，身似驴，而从整体上看，它又什么都不像，因此人们便给它起了个形象的名字——"四不像"。"四不像"是一种古老的生物，已有约300万年的生存历史了。

梅花鹿

梅花鹿常常一二十只一起活动，范围在数十平方千米的灌木林区。如果不受外界干扰，它们不会迁徙，即使受惊外逃，不久也会返回原来的地方。雄性梅花鹿喜欢单独行动。在繁殖季节，雄鹿之间经过激烈的争斗，胜者会占有雌鹿群，繁殖期过后，它又开始单独生活了。

梅花鹿

兔子——机灵的"胆小鬼"

兔子是一种常见的哺乳动物，它们的头部长得有点儿像老鼠，后腿比前腿稍长，善于跳跃，跑得很快，并且可爱机灵。

🐾 玻璃珠般的眼睛

兔子的眼睛有红色、蓝色、黑色、灰色等各种颜色，有的兔子左右两只眼睛的颜色不一样。实际上，兔子眼睛的颜色与它们的皮毛颜色有关系，黑兔子的眼睛是黑色的，灰兔子的眼睛是灰色的，白兔子的眼睛是透明的。咦？小白兔的眼睛不是红色的吗？没错，但那只是一种视觉效果，因为白兔子眼睛里

de xuè sī　　máo xì xuè guǎn　　fǎn shè le wài jiè de guāng xiàn　　　tòu míng de yǎn jing jiù xiǎn chū
的血丝（毛细血管）反射了外界的光线，透明的眼睛就显出

le hóng sè
了红色。

长耳朵的秘密
cháng ěr duo de mì mì

tù　zi yǒu yí　duì cháng cháng de dà ěr duo　　zhè
　　兔子有一对长长的大耳朵，这

duì ěr duo kě bú shì bǎi she　　wài chū mì shí shí　　tù
对耳朵可不是摆设。外出觅食时，兔

zi huì jī jǐng de jiāng yì shuāng cháng ěr duo shù qǐ lai
子会机警地将一双长耳朵竖起来，

yǐ tàn tīng sì xià de dòng jing　　nǐ zhī dao ma　　tù
以探听四下的动静。你知道吗？兔

zi de cháng ěr duo hái kě yǐ shàng xià zuǒ yòu de zhuàn
子的长耳朵还可以上下左右地转

dòng　　zhè jiù shǐ tā de tīng jué fēi cháng mǐn ruì　　bié yǐ wéi tù zi de ěr duo zhǐ shì wèi le tīng
动，这就使它的听觉非常敏锐。别以为兔子的耳朵只是为了听

shēng yīn cái zhǎng de zhè me xiǎn yǎn　　qí shí tā hái yǒu　　sàn rè qì　de zuò yòng　　tù zi
声音才长得这么显眼，其实它还有"散热器"的作用。兔子

de tǐ biǎo méi yǒu hàn xiàn　　bù néng xiàng qí tā dòng wù nà yàng tōng guò pái hàn lái sàn fā tǐ nèi
的体表没有汗腺，不能像其他动物那样通过排汗来散发体内

duō yú de rè liàng　　tiān rè de shí hou　　tù zi jiù tōng guò ěr duo shang dà liàng fēn bù de máo
多余的热量。天热的时候，兔子就通过耳朵上大量分布的毛

xì xuè guǎn lái sàn rè　　rú cǐ yì lái　　tā jiù bú huì bèi yán yán liè rì shài yūn le
细血管来散热，如此一来，它就不会被炎炎烈日晒晕了。

猞猁——爱装死的"流浪者"

猞猁属于猫科动物，十分凶猛，既能捕食鼠、兔等小型动物，也能杀死狍子、岩羊等中型哺乳动物。它们不畏严寒，经常出没于寒带地区。

谨慎的杀手

猞猁喜欢独居，喜欢自由，它们没有固定的住所，走到哪里，家就在哪里。它们总是孤身活跃在这广阔的天地之间，就像一个纯粹的流浪者那样。

猞猁做事十分小心谨慎，尤其在遇到危险时，它们总是先迅速地逃到树上躲避起来，然后透过树叶望向敌人，分析自己与敌人间的力量对比。若来不及逃上树，它们就会直接倒地装死，无论敌人怎样触碰，它们也一动不动，不吃死物的食肉动物经常被它们的"死相"所蒙骗。

狞猫——跳跃捕飞鸟

狞猫是一种非常机敏的猫科动物，它爱在干燥的旷野休息，白天躺在洞穴中，半夜外出捕猎。现在，由于人类的大肆捕杀，狞猫的数量越来越少了。

我们长得不一样

很多人将狞猫与猞猁混为一谈，主要原因是二者的耳朵上都有毛。其实二者不是同类。狞猫的毛色多为黄棕色或红棕色，也有的狞猫是黑色的，不过非常少见。狞猫的眼角到鼻子上有一条细细的黑线，一对大耳朵的背面是黑色的。此外，狞猫身体瘦长，四肢纤细，尾巴要比猞猁的长得多。

我的地盘我做主

狞猫的领域性极强，以小家族形式生活在一起，有自己的领地，会用尿液标记领地的范围，决不允许自己的地盘被其他同类侵入。

犀牛——"牛王"

世界上牛的种类很多，但无论是野牛还是家牛，和犀牛相比，只能算是小牛。犀牛是陆地上生活的动物中仅次于大象的庞大动物。

🐾 时而温柔，时而暴躁

犀牛经常单独活动。别看它们身躯庞大，相貌吓人，其实它们性格很温和，从不轻易伤人。有些时候，它们甚至显得过于胆小，宁愿躲避，也不肯战斗。可一旦被惹火了，它们会立刻变得凶猛异常，快速地向敌人冲去，用厉害的角和牙作为武器来战斗。它们看起来很笨重，但动作很敏捷，每小时能

pǎo 48 qiān mǐ zuǒ yòu hái jù yǒu jí sù zhuǎn wān de běn lǐng
跑48千米左右，还具有急速转弯的本领。

xī niú yǔ xī niú niǎo
犀牛与犀牛鸟

犀牛鸟

zài xī niú de shēn shang cháng cháng tíng luò zhe yì zhī huò jǐ zhī
在犀牛的身上，常常停落着一只或几只

xī niú niǎo páng dà de xī niú cóng bù qū gǎn tā men shèn zhì hái hěn huān yíng tā men de dào
犀牛鸟。庞大的犀牛从不驱赶它们，甚至还很欢迎它们的到

lái zhè shì yīn wèi xī niú nà hòu hòu de pí fū shang yǒu hěn duō zhě zhòu zhě zhòu li de pí
来。这是因为犀牛那厚厚的皮肤上有很多褶皱，褶皱里的皮

fū fěn nèn róu ruǎn cháng yǒu jì shēng chóng duǒ zài qí zhōng lìng xī niú yì cháng nán shòu ér xiǎo
肤粉嫩柔软，常有寄生虫躲在其中，令犀牛异常难受，而小

xiǎo de xī niú niǎo hěn yuàn yì zhuó shí zhè xiē jì shēng chóng xī niú hé xī niú niǎo gè qǔ suǒ xū
小的犀牛鸟很愿意啄食这些寄生虫。犀牛和犀牛鸟各取所需，

xiāng chǔ dé shí fēn hé xié
相处得十分和谐。

néng xiāo shī de xī niú jiǎo
能消失的犀牛角

xī niú jiǎo shì xī niú zuì lì hai de wǔ qì měi
犀牛角是犀牛最厉害的武器，每

dāng zāo yù dí rén xī niú jiǎo jiù huì fā huī chū jù
当遭遇敌人，犀牛角就会发挥出巨

dà de wēi lì tā bú xiàng niú jiǎo nà yàng bù kě
大的威力。它不像牛角那样不可

zài shēng ér shì xiàng rén lèi de máo fà yí yàng
再生，而是像人类的毛发一样，

zhé duàn hòu hái néng zài zhǎng chū lai rú guǒ
折断后还能再长出来。如果

xī niú sǐ qù niú jiǎo yě huì suí zhī xiāo
犀牛死去，牛角也会随之消

shī zhè xī niú jiǎo zhēn de hěn shén qí
失。这犀牛角真的很神奇。

斑马——黑白条纹顶呱呱

斑马是马家族中最漂亮的一员。它们身上那黑白相间的条纹，彩缎般发亮的毛色，奋蹄飞跃的身影，都令人过目难忘。

🐾 野外生存不容易

斑马是非洲的特有动物。对很多食肉动物来讲，斑马肉是上等的佳肴。所以在竞争残酷、充满危机的环境里，为了能够生存下去，斑马必须具备独特的求生本领。

斑马的求生秘诀首先便是身上黑白相间的条纹。在广阔的非洲大草原上，在阳光或月光的照射下，这些条纹能反射出各不相同的光线，从而使它们的身体轮廓变得模糊，与周围环境融为一体。大型食肉动物想吃到斑马肉，首先得擦亮眼睛。

其次，斑马天性谨慎，即使是在悠闲地吃青草的时候，依然竖起耳朵，高度警惕地感受着周围环境的变化，一有风吹草动，就会马上扬起四蹄，飞奔而逃。只有这样，它们才有可能躲过狮子等凶猛的食肉动物的突然袭击。

第三，斑马非常合群。斑马喜爱过集体生活，彼此关系密切。除了同类，斑马还喜欢和野牛、鹿等大型食草动物搭帮结伙，共同震慑敌人。这是因为单个的斑马势单力薄，根本无力对付狮子、鬣狗、野狗和猎豹等敌人。

🐾 究竟是黑马还是白马

判定一个动物的颜色，往往要看其皮肤上的哪种颜色最多，占据皮肤的面积最大。而斑马皮肤上的黑色和白色几乎等量，占据皮肤的面积也不相上下，那么它们到底是黑马还是白马呢？有科学家想到了一个奇特的办法：将斑马的毛全部剃掉。剃掉毛后，斑马的黑白条纹不见了，露出了黑黑的皮肤。答案终于找到了——斑马是属于长着白条纹的黑马。

líng zhǎng mù dòng wù —— gāo jí dòng wù
灵长目动物——高级动物

líng zhǎng mù dòng wù shì dòng wù jiè zuì gāo děng de lèi qún　tā
灵长目动物是动物界最高等的类群，它

men cōng míng líng mǐn　zhǒng lèi zhòng duō　zài mǒu zhǒng yì yì shàng
们聪明灵敏，种类众多。在某种意义上，

rén yě shì líng zhǎng mù dòng wù
人也是灵长目动物。

眼镜猴

🐾 tè zhēng yǔ fēn lèi
特征与分类

líng zhǎng mù dòng wù de zhǔ yào tè zhēng shì　dà nǎo fā dá　yǎn
灵长目动物的主要特征是：大脑发达，眼

kuàng cháo xiàng qián fāng　shǒu zhǐ hé jiǎo zhǐ fēn kāi　dà mǔ zhǐ　zhǐ　líng huó　duō shù
眶朝向前方，手指和脚趾分开，大拇指（趾）灵活，多数

néng yǔ qí tā shǒu zhǐ　jiǎo zhǐ　duì wò
能与其他手指（脚趾）对握。

líng zhǎng mù dòng wù bāo kuò dī děng líng zhǎng lèi hé gāo děng líng zhǎng lèi　dī děng líng zhǎng
灵长目动物包括低等灵长类和高等灵长类：低等灵长

lèi liǎn xíng xiàng hú　mǔ zhǐ fā dá　wěi ba bù néng juǎn qū huò wú wěi ba　rú yǎn jìng hóu
类脸形像狐，拇指发达，尾巴不能卷曲或无尾巴，如眼镜猴；

gāo děng líng zhǎng lèi liǎn xíng xiàng rén　qián zhī dà yú hòu zhī　wěi ba cháng　yǒu de néng juǎn
高等灵长类脸形像人，前肢大于后肢，尾巴长，有的能卷

qū　yǒu de wú wěi　rú xīng xing
曲，有的无尾，如猩猩。

金丝猴

🐾 jīn sī hóu
金丝猴

líng zhǎng lèi zhōng zuì piào liang zhě
灵长类中最漂亮者

mò guò yú jīn sī hóu　tā men shēn
莫过于金丝猴。它们身

shang pī zhe jīn huáng sè sī yàng
上披着金黄色丝样

de máo　máo cháng dá
的毛，毛长达30

duō lí mǐ　jīn sī hóu de
多厘米，金丝猴的

名字便由此而来。这种猴的鼻骨极度退化，几乎没有鼻梁，因而形成上仰的鼻孔。金丝猴的脸为天蓝色，在头顶上 生有黑褐色毛冠，两耳长在乳黄色的毛丛里，棕红色的面颊由橘黄色衬托。腹面呈乳白色，而四肢外侧却为棕褐色，色泽向体背侧渐深，从那深色毛丛中伸展出缕缕金丝，犹如贵夫人的金色斗篷。

大猩猩

　　大猩猩是灵长目动物中最大的动物，身材异常魁梧，力大无穷，据说连大象见了它们也会退避三舍，因而大猩猩被称为森林中的"金刚"。它们浑身披着黑褐色或略带灰色的长毛，头硕大，臂膀和脖子异常粗壮，远观似一座牢固的铁塔。

　　成熟的雄猩猩要比雌猩猩大很多，被称为"银背"。随着年龄的增长，它们的"头发"会变成银灰色。它们活动的范围很大，主要以树叶、嫩枝、果实为食。

黑猩猩

黑猩猩
hēi xīng xing

黑猩猩是最聪明的类人猿，它们具有比其他动物更为发达的大脑。正因为大脑发达，所以它们能用面部表达喜、怒、哀、乐等多种感情，能用四肢表现复杂多样的行为，能把树枝用树藤绑在一起做成床，在床顶用树枝搭起伞状顶棚，以避风雨。经过动物学家的仔细研究发现，黑猩猩的智力水平相当于两三岁的儿童，而四岁是黑猩猩一生中最聪明的时期，不过，它只是掌握得快，过不了多久便会忘记。

狒狒
fèi fèi

狒狒主要分布在非洲，是最大型的猴。它们成群生活，每群一般有20～60只。在一个狒狒群里，都有一只年龄较大、身体强壮和经验丰富的雄狒狒当狒王。狒狒有时会吃小羚羊，但通常吃更小的动物，例如蝎子。狒狒也喜欢吃蔬菜和水果，常常损害农作物。大部分狒狒的体色是浅灰褐色的。

狒狒

海獭——爱美的海兽

海獭是海洋哺乳动物中最小的一种，善于游泳与潜水，喜欢栖息于近岸岩礁处。海獭其实与黄鼠狼是近亲。

享用海胆有妙招

海獭常采食海胆、海贝等。当采到海胆时，它们往往用两个前肢各抓一个海胆，用力碰撞使其壳碎裂，然后舔吸海胆的内脏。对海贝这类有坚硬外壳的食物，海獭会同时从海底捡来石块，砸碎它们。

爱美有原因

海獭特别爱打扮，除了寻找食物和睡觉外，它们会尽可能用最多的时间梳洗打扮。它们这般爱美其实是为了生存，如果皮毛脏兮兮、乱蓬蓬的，就可能保留不住身体的热量，以至于被冻死。

鲸—海中"巨人"
jīng hǎi zhōng jù rén

鲸是海洋中的庞然大物，一头最大的鲸的体重相当于8头
大象，约30米长。18世纪，全世界有200多万头鲸，如今只
剩下80多万头了。

鲸鱼是鱼吗

鲸和鱼类有很大的不同。鱼是变温动物，
而鲸是恒温动物；鱼用鳃
呼吸，而鲸用肺呼吸；最重要
的是，鱼类都是以卵的形式产生下
一代，而鲸却是直接生出小鲸，并
以乳汁哺育后代。所以，鲸虽然也
叫"鲸鱼"，但并非鱼，而是切切实
实的哺乳动物。

蓝鲸

座头鲸

雌鲸很会照顾幼鲸，常带着它在水面上游动；幼鲸也会紧
靠在母鲸的身边，在水中自由呼吸和休息。

潜水之王

鲸是一种潜水能力极强的动物，长须鲸可在水下300~500

鲸喷水

mǐ chù dāi shàng xiǎo shí zuì
米处待上1小时，最

dà de chǐ jīng mǒ xiāng
大的齿鲸——抹香

jīng néng qián zhì qiān mǐ yǐ xià
鲸能潜至千米以下，

bìng zài shuǐ zhōng dāi shàng xiǎo shí zhī
并在水中待上2小时之

jiǔ rén men céng zài yì tiáo mǒ xiāng jīng
久。人们曾在一条抹香鲸

de dù zi li fā xiàn le yì zhǒng xiǎo shā
的肚子里发现了一种小鲨

yú jù fēn xī zhè zhǒng shā yú zhǐ
鱼，据分析，这种鲨鱼只

shēng huó zài shuǐ xià duō mǐ de hǎi
生活在水下3000多米的海

yáng shēn chù yóu cǐ kě jiàn mǒ xiāng jīng kě yǐ qián rù shēn dá
洋深处。由此可见，抹香鲸可以潜入深达

mǐ de hǎi yù
3000米的海域。

虎鲸

hǔ jīng
🐾 **虎鲸**

hǔ jīng shì shēng huó zài hǎi yáng zhōng de dà xíng bǔ rǔ dòng wù shēn tǐ chéng
虎鲸是生活在海洋中的大型哺乳动物。身体呈

liú xiàn xíng biǎo miàn guāng huá bèi shàng zhǎng yǒu yì qí sì zhī tuì huà
流线型，表面光滑，背上长有一鳍，四肢退化，

qián zhī biàn wéi yí duì qí hòu zhī yǐ jīng xiāo shī hǔ jīng shēng xìng xiōng měng
前肢变为一对鳍，后肢已经消失。虎鲸生性凶猛，

shì hǎi yáng bà zhǔ shā yú gēn běn bú shì tā de duì shǒu tā men zhǎng zhe yì
是海洋霸主，鲨鱼根本不是它的对手。它们长着一

kǒu fēng lì de yá chǐ zhuān mén xí jī hǎi tún hǎi bào hǎi shī hǎi xiàng
口锋利的牙齿，专门袭击海豚、海豹、海狮、海象

děng dòng wù shèn zhì xí jī jù dà de lán jīng
等动物，甚至袭击巨大的蓝鲸。

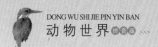

海豚——海中智者
hǎi tún —— hǎi zhōng zhì zhě

海豚是一种体形较小的海洋哺乳动物，身体呈完美的纺锤形，背部青黑色，腹部白色，喜欢群体生活。有时候也能看见白色甚至粉红色的海豚，那是因为海豚得了白化病。

水中健将
shuǐ zhōng jiàn jiàng

我们最熟悉的海豚是普通海豚和宽吻海豚。亚里士多德、伊索、希罗多德等作家的著作中提到的作为儿童坐骑或营救落水者的海豚，就是这两个种类。

hǎi tún shì shuǐ zhōng jiàn jiàng wǒ men rén lèi ruò bù chuān qián shuǐ yī zuì duō zhǐ néng qián
海豚是水中健将。我们人类若不穿潜水衣,最多只能潜

rù shuǐ xià mǐ ér hǎi tún de qián shuǐ jì lù jìng dá mǐ shì rén lèi qiánshuǐshēn dù
入水下 30 米,而海豚的潜水纪录竟达 300 米,是人类潜水深度

de bèi tā men de yóu yǒng sù dù gèng shì jīng rén shí sù zài qiān mǐ zuǒ yòu kě
的 10 倍。它们的游泳速度更是惊人,时速在 60 千米左右,可

yǐ gǎnshàng yì méizhōng děng sù dù de yú léi
以赶上一枚中等速度的鱼雷。

congmíng de dòng wù
聪明的动物

cān jiā biǎo yǎn de hǎi tún néng zuān huǒ
参加表演的海豚能钻火

quān néng suàn suàn shù shèn zhì néng dǎ pīng
圈,能算算术,甚至能打乒

pāng qiú zhēn kě wèi běn lǐng chāo qún hǎi tún de cōng míng
乒球,真可谓本领超群。海豚的聪明

líng lì wán quán shì jī yú qí fā dá de dà nǎo hǎi tún de dà nǎo zhàn zì
伶俐完全是基于其发达的大脑。海豚的大脑占自

shēn tǐ zhòng de jǐn cì yú rén lèi de suǒ yǐ chú rén lèi zhī wài zuì cōng
身体重的 1.7%,仅次于人类的 2.1%,所以除人类之外,最聪

míng de dòng wù bù shì gǒu bú shì māo yě bú shì dà xiàng ér shì kě ài de hǎi tún tā
明的动物不是狗,不是猫,也不是大象,而是可爱的海豚。它

men de jì yì lì yǔ fǎn yìng lì dōu jí qiáng zì rán néng gòu liàn jiù xǔ duō běn lǐng le
们的记忆力与反应力都极强,自然能够练就许多本领了。

rén lèi de zhì yǒu
人类的挚友

wēn shùn de hǎi tún shí fēn yuàn yì yǔ rén jiē jìn bǐ qǐ gǒu hé mǎ lái tā men duì dài
温顺的海豚十分愿意与人接近。比起狗和马来,它们对待

rén lèi shèn zhì gèng wéi yǒu hǎo tā men yuàn yì yǔ rén wánshuǎ xī xì zài hǎi zhōng chàng yóu
人类甚至更为友好。它们愿意与人玩耍、嬉戏。在海中畅游

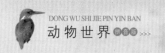
<ruby>时<rt>shí</rt></ruby>，<ruby>假<rt>jiǎ</rt></ruby><ruby>如<rt>rú</rt></ruby><ruby>恰<rt>qià</rt></ruby><ruby>巧<rt>qiǎo</rt></ruby><ruby>遇<rt>yù</rt></ruby><ruby>到<rt>dào</rt></ruby><ruby>不<rt>bù</rt></ruby><ruby>小<rt>xiǎo</rt></ruby><ruby>心<rt>xīn</rt></ruby><ruby>落<rt>luò</rt></ruby><ruby>水<rt>shuǐ</rt></ruby><ruby>的<rt>de</rt></ruby><ruby>人<rt>rén</rt></ruby><ruby>类<rt>lèi</rt></ruby>，<ruby>它<rt>tā</rt></ruby><ruby>们<rt>men</rt></ruby><ruby>会<rt>huì</rt></ruby><ruby>毫<rt>háo</rt></ruby><ruby>不<rt>bù</rt></ruby><ruby>犹<rt>yóu</rt></ruby><ruby>豫<rt>yù</rt></ruby><ruby>地<rt>de</rt></ruby><ruby>将<rt>jiāng</rt></ruby><ruby>其<rt>qí</rt></ruby>

<ruby>托<rt>tuō</rt></ruby><ruby>起<rt>qǐ</rt></ruby><ruby>并<rt>bìng</rt></ruby><ruby>送<rt>sòng</rt></ruby><ruby>至<rt>zhì</rt></ruby><ruby>岸<rt>àn</rt></ruby><ruby>边<rt>biān</rt></ruby>。

<ruby>虽<rt>suī</rt></ruby><ruby>然<rt>rán</rt></ruby><ruby>在<rt>zài</rt></ruby><ruby>极<rt>jí</rt></ruby><ruby>个<rt>gè</rt></ruby><ruby>别<rt>bié</rt></ruby><ruby>的<rt>de</rt></ruby><ruby>时<rt>shí</rt></ruby><ruby>候<rt>hou</rt></ruby><ruby>海<rt>hǎi</rt></ruby><ruby>豚<rt>tún</rt></ruby><ruby>也<rt>yě</rt></ruby><ruby>会<rt>huì</rt></ruby><ruby>攻<rt>gōng</rt></ruby><ruby>击<rt>jī</rt></ruby><ruby>人<rt>rén</rt></ruby>，<ruby>但<rt>dàn</rt></ruby><ruby>这<rt>zhè</rt></ruby><ruby>和<rt>hé</rt></ruby><ruby>捕<rt>bǔ</rt></ruby><ruby>猎<rt>liè</rt></ruby><ruby>者<rt>zhě</rt></ruby><ruby>对<rt>duì</rt></ruby><ruby>它<rt>tā</rt></ruby><ruby>们<rt>men</rt></ruby><ruby>的<rt>de</rt></ruby><ruby>屠<rt>tú</rt></ruby><ruby>杀<rt>shā</rt></ruby><ruby>根<rt>gēn</rt></ruby><ruby>本<rt>běn</rt></ruby><ruby>无<rt>wú</rt></ruby><ruby>法<rt>fǎ</rt></ruby><ruby>成<rt>chéng</rt></ruby><ruby>正<rt>zhèng</rt></ruby><ruby>比<rt>bǐ</rt></ruby>。<ruby>有<rt>yǒu</rt></ruby><ruby>的<rt>de</rt></ruby><ruby>地<rt>dì</rt></ruby><ruby>方<rt>fang</rt></ruby><ruby>甚<rt>shèn</rt></ruby><ruby>至<rt>zhì</rt></ruby><ruby>有<rt>yǒu</rt></ruby>"<ruby>杀<rt>shā</rt></ruby><ruby>海<rt>hǎi</rt></ruby><ruby>豚<rt>tún</rt></ruby>"<ruby>节<rt>jié</rt></ruby>。<ruby>全<rt>quán</rt></ruby><ruby>球<rt>qiú</rt></ruby><ruby>一<rt>yì</rt></ruby><ruby>年<rt>nián</rt></ruby><ruby>被<rt>bèi</rt></ruby><ruby>屠<rt>tú</rt></ruby><ruby>杀<rt>shā</rt></ruby><ruby>的<rt>de</rt></ruby><ruby>海<rt>hǎi</rt></ruby><ruby>豚<rt>tún</rt></ruby><ruby>达<rt>dá</rt></ruby>2<ruby>万<rt>wàn</rt></ruby><ruby>头<rt>tóu</rt></ruby>。

🐾 <ruby>没<rt>méi</rt></ruby><ruby>有<rt>yǒu</rt></ruby><ruby>气<rt>qì</rt></ruby><ruby>孔<rt>kǒng</rt></ruby>，<ruby>只<rt>zhǐ</rt></ruby><ruby>有<rt>yǒu</rt></ruby><ruby>鼻<rt>bí</rt></ruby><ruby>孔<rt>kǒng</rt></ruby>

<ruby>和<rt>hé</rt></ruby><ruby>须<rt>xū</rt></ruby><ruby>鲸<rt>jīng</rt></ruby><ruby>亚<rt>yà</rt></ruby><ruby>目<rt>mù</rt></ruby><ruby>的<rt>dì</rt></ruby><ruby>物<rt>wù</rt></ruby><ruby>种<rt>zhǒng</rt></ruby><ruby>不<rt>bù</rt></ruby><ruby>同<rt>tóng</rt></ruby>，<ruby>海<rt>hǎi</rt></ruby><ruby>豚<rt>tún</rt></ruby><ruby>没<rt>méi</rt></ruby><ruby>有<rt>yǒu</rt></ruby><ruby>气<rt>qì</rt></ruby><ruby>孔<rt>kǒng</rt></ruby>，<ruby>只<rt>zhǐ</rt></ruby><ruby>有<rt>yǒu</rt></ruby><ruby>一<rt>yí</rt></ruby><ruby>个<rt>gè</rt></ruby><ruby>用<rt>yòng</rt></ruby><ruby>于<rt>yú</rt></ruby><ruby>呼<rt>hū</rt></ruby><ruby>吸<rt>xī</rt></ruby><ruby>的<rt>de</rt></ruby><ruby>鼻<rt>bí</rt></ruby><ruby>孔<rt>kǒng</rt></ruby>，<ruby>位<rt>wèi</rt></ruby><ruby>于<rt>yú</rt></ruby><ruby>上<rt>shàng</rt></ruby><ruby>额<rt>é</rt></ruby><ruby>顶<rt>dǐng</rt></ruby><ruby>端<rt>duān</rt></ruby>。<ruby>海<rt>hǎi</rt></ruby><ruby>豚<rt>tún</rt></ruby><ruby>呼<rt>hū</rt></ruby><ruby>吸<rt>xī</rt></ruby><ruby>和<rt>hé</rt></ruby><ruby>吸<rt>xī</rt></ruby><ruby>气<rt>qì</rt></ruby><ruby>全<rt>quán</rt></ruby><ruby>部<rt>bù</rt></ruby><ruby>通<rt>tōng</rt></ruby><ruby>过<rt>guò</rt></ruby><ruby>鼻<rt>bí</rt></ruby><ruby>孔<rt>kǒng</rt></ruby><ruby>进<rt>jìn</rt></ruby><ruby>行<rt>xíng</rt></ruby>。<ruby>通<rt>tōng</rt></ruby><ruby>常<rt>cháng</rt></ruby>，<ruby>海<rt>hǎi</rt></ruby><ruby>豚<rt>tún</rt></ruby><ruby>呼<rt>hū</rt></ruby><ruby>气<rt>qì</rt></ruby><ruby>的<rt>de</rt></ruby><ruby>动<rt>dòng</rt></ruby><ruby>作<rt>zuò</rt></ruby><ruby>在<rt>zài</rt></ruby><ruby>水<rt>shuǐ</rt></ruby><ruby>下<rt>xià</rt></ruby><ruby>进<rt>jìn</rt></ruby><ruby>行<rt>xíng</rt></ruby>，<ruby>浮<rt>fú</rt></ruby><ruby>出<rt>chū</rt></ruby><ruby>水<rt>shuǐ</rt></ruby><ruby>面<rt>miàn</rt></ruby><ruby>后<rt>hòu</rt></ruby><ruby>再<rt>zài</rt></ruby><ruby>进<rt>jìn</rt></ruby><ruby>行<rt>xíng</rt></ruby><ruby>吸<rt>xī</rt></ruby><ruby>气<rt>qì</rt></ruby><ruby>的<rt>de</rt></ruby><ruby>动<rt>dòng</rt></ruby><ruby>作<rt>zuò</rt></ruby>。<ruby>潜<rt>qián</rt></ruby><ruby>水<rt>shuǐ</rt></ruby><ruby>时<rt>shí</rt></ruby>，<ruby>它<rt>tā</rt></ruby><ruby>们<rt>men</rt></ruby><ruby>会<rt>huì</rt></ruby><ruby>把<rt>bǎ</rt></ruby><ruby>鼻<rt>bí</rt></ruby><ruby>孔<rt>kǒng</rt></ruby><ruby>紧<rt>jǐn</rt></ruby><ruby>紧<rt>jǐn</rt></ruby><ruby>地<rt>de</rt></ruby><ruby>闭<rt>bì</rt></ruby><ruby>起<rt>qǐ</rt></ruby><ruby>来<rt>lai</rt></ruby>，<ruby>以<rt>yǐ</rt></ruby><ruby>避<rt>bì</rt></ruby><ruby>免<rt>miǎn</rt></ruby><ruby>海<rt>hǎi</rt></ruby><ruby>水<rt>shuǐ</rt></ruby><ruby>渗<rt>shèn</rt></ruby><ruby>入<rt>rù</rt></ruby><ruby>肺<rt>fèi</rt></ruby><ruby>部<rt>bù</rt></ruby>。<ruby>和<rt>hé</rt></ruby><ruby>人<rt>rén</rt></ruby><ruby>类<rt>lèi</rt></ruby><ruby>一<rt>yí</rt></ruby><ruby>样<rt>yàng</rt></ruby>，<ruby>海<rt>hǎi</rt></ruby><ruby>豚<rt>tún</rt></ruby><ruby>的<rt>de</rt></ruby><ruby>呼<rt>hū</rt></ruby><ruby>吸<rt>xī</rt></ruby><ruby>属<rt>shǔ</rt></ruby><ruby>于<rt>yú</rt></ruby><ruby>自<rt>zì</rt></ruby><ruby>主<rt>zhǔ</rt></ruby><ruby>动<rt>dòng</rt></ruby><ruby>作<rt>zuò</rt></ruby>，<ruby>因<rt>yīn</rt></ruby><ruby>此<rt>cǐ</rt></ruby>，<ruby>在<rt>zài</rt></ruby>

shuǐ zhōng shī qù zhī jué de hǎi tún huì hěn kuài zhì xī ér sǐ
水 中 失去 知觉 的海豚会很快窒息而死。

shén qí de huí shēng dìng wèi běn lǐng
神奇的回声 定位本领

hǎi tún zài shēn hǎi bǔ liè shí huì yùn yòng yí
海豚在深海捕猎时会运用一

xiàng shén qí de běn lǐng huí shēng dìng wèi
项 神奇的本领——回声定位。

hǎi tún kě yǐ fā chū gāo pín lǜ gāo shēng bō de
海豚可以发出高频率、高声波的

kā dā shēng zhè zhǒng shēng bō huì jí zhōng chéng yí shù
咔嗒声, 这种 声波会集中成一束

shù píng xíng xiàn fā chū dāng fā chū de shēng yīn pèng dào zhàng
束平行线发出。当发出的声音碰到 障

ài wù shí jiù huì zhé huí shōu tīng shí hǎi tún xià hé de
碍物时就会折回。收听时, 海豚下颌的

gǔ gé zǔ zhī huì jiāng fēn sàn de shēng bō jí zhōng chuán sòng zhì wèi yú xià hé hòu bù de nèi bù ěr
骨骼组织会将分散的声波集中传送至位于下颌后部的内部耳

duo gēn jù huí shēng de qiáng ruò hǎi tún kě yǐ pàn duàn qián fāng zhàng ài de yuǎn jìn dà
朵。根据回声的强弱, 海豚可以判断前方障碍的远近、大

xiǎo zhè zhǒng fāng fǎ néng gòu shǐ hǎi tún zài shēn hǎi de hēi àn huán jìng zhōng bǔ liè
小。这种 方法能够使海豚在深海的黑暗环境中捕猎。

海豹——没耳郭的海兽
hǎi bào　　 méi ěr guō de hǎi shòu

在海洋馆中，我们经常能看到可爱的海豹，它们有着胖墩
zài hǎi yáng guǎn zhōng　wǒ men jīng cháng néng kàn dào kě ài de hǎi bào　tā men yǒu zhe pàng dūn

墩的身材、滑溜溜的皮肤、圆圆的脑袋和又黑又明亮的双眼，非
dūn de shēn cái　huá liū liū de pí fū　yuán yuán de nǎo dai hé yòu hēi yòu míng liàng de shuāng yǎn　fēi

常聪明可爱。
cháng cōng míng kě ài

海豹哺乳

🐾 海豹家族
hǎi bào jiā zú

全球海豹将近20种，南北极最多。
quán qiú hǎi bào jiāng jìn　zhǒng　nán běi jí zuì duō

人们熟悉的有以下几类：斑海豹、髯
rén men shú xī de yǒu yǐ xià jǐ lèi　bān hǎi bào　rán

海豹、灰海豹、环斑海豹、带纹海
hǎi bào　huī hǎi bào　huán bān hǎi bào　dài wén hǎi

豹、僧海豹、威德尔海豹、罗斯海
bào　sēng hǎi bào　wēi dé ěr hǎi bào　luó sī hǎi

豹、豹型海豹、冠海豹、象海豹、食蟹海
bào　bào xíng hǎi bào　guān hǎi bào　xiàng hǎi bào　shí xiè hǎi

豹等。
bào děng

这是海狮，它们有耳郭，海豹则没有

其中，象海豹的个头最大，冠海豹的鼻子吻部前可以膨胀形成囊状，豹型海豹最为凶残，环斑海豹个头最小，髯海豹长着长而硬的胡子，罗斯海豹能发出类似鸟叫的声音，威德尔海豹潜水能力极强，僧海豹最为珍稀。

海豹的经济价值很高，正因为如此，它们遭到了人类严重的捕杀。现在，各国都出台了相应的政策与法律来保护这些可爱的小生灵，希望大屠杀不再上演。

灵活的鳍肢

海豹的身体臃肿肥胖，但却能够极其快速地在地上移动，这都是其前肢的功劳。海豹的前肢强壮而有力，可以支撑沉重的身体，而且能够牢牢地抓住猎物并将其快速地送入口中，还能作为抓痒的特效工具。在水下，这灵活的鳍肢更是显露出了巨大的作用，可以使海豹时刻保持极快的速度和优美的姿势。

海象——北半球的"土著"居民
hǎi xiàng běi bàn qiú de tǔ zhù jū mín

海象，顾名思义，就是海中的大象。海象位列鲸鱼、大象、象海豹之后，是第四大哺乳动物。它们一般体长 3 ~ 4 米，重 1300 千克左右。

多功能的獠牙
duō gōngnéng de liáo yá

海象之所以好辨认，是因为它们长着两枚长长的獠牙。不要以为这两枚难看的家伙只是摆设，它们可是海象生活中不可缺少的好帮手。首先，獠牙可以用来抵御敌人的进攻，当海象遇到北极熊时，獠牙就变成了它们强有力的武器。其次，獠牙还是小钩子，当海象想从水里上岸时，就用獠牙钩住冰层，然后把自己从水中拖到冰面上。当然，当海象在水中游泳的时间过长又找不到冰窟窿时，也可以用那两枚锋利的獠牙在冰下凿孔，以便探出头来呼吸。另外，当海象幼崽卡在冰面裂缝中时，海象妈妈还可以用獠牙营救幼崽。看，獠牙的作用是不是很多！

正因为如此，獠牙在海象的一生中都处于不断生长的状态，最长可以长到 1 米。

会变色的外衣
huì biàn sè de wài yī

在陆地上时，海象总是披着一件棕红色的"外套"，而
zài lù dì shang shí　hǎi xiàng zǒng shì pī zhe yí jiàn zōng hóng sè de　wài tào　ér

到了水里，它们就会换上灰白色的外衣。这是怎么回事？原
dào le shuǐ li　tā men jiù huì huàn shàng huī bái sè de wài yī　zhè shì zěn me huí shì　yuán

来海象能通过调整血液循环来防寒保暖。海象的体表有一
lái hǎi xiàng néng tōng guò tiáo zhěng xuè yè xún huán lái fáng hán bǎo nuǎn　hǎi xiàng de tǐ biǎo yǒu yì

层约6厘米厚的皮肤，其中毛细血管密集。当浸泡在冰冷的
céng yuē　lí mǐ hòu de pí fū　qí zhōng máo xì xuè guǎn mì jí　dāng jìn pào zài bīng lěng de

海水中时，海象体内的动脉血管就会因为受冷而收缩，从而
hǎi shuǐ zhōng shí　hǎi xiàng tǐ nèi de dòng mài xuè guǎn jiù huì yīn wèi shòu lěng ér shōu suō　cóng ér

限制血液的流动，造成毛细血管供血不畅，因此皮肤就会呈
xiàn zhì xuè yè de liú dòng　zào chéng máo xì xuè guǎn gōng xuè bú chàng　yīn cǐ pí fū jiù huì chéng

现出灰白色。回到陆地后，海象体内的
xiàn chū huī bái sè　huí dào lù dì hòu　hǎi xiàng tǐ nèi de

血管膨胀，血液流动速度加快，毛细
xuè guǎn péng zhàng　xuè yè liú dòng sù dù jiā kuài　máo xì

血管供血充足，皮肤就恢复了棕
xuè guǎn gōng xuè chōng zú　pí fū jiù huī fù le zōng

红色。
hóng sè

北极狐——雪地精灵

娇小而肥胖的身躯，洁白而光亮的皮毛，蓬松而硕大的尾巴——这就是被称为"生活在寒冷北极的雪地精灵"的北极狐。

特殊的身体构造

北极狐的身体构造是其抵御严寒的法宝。与同样生活在北极的北极熊相比，北极狐显得小巧玲珑，这样的体形可以降低热量的损失。此外，北极狐腿部复杂的毛细血管能够帮助它们保持血液的流通，从而为脚部提供热量。北极狐那条硕大的尾巴可不是装饰物，在狂风肆虐的雪地里，北极狐会将身体蜷缩成一团，然后把头藏进尾巴里，就像盖了一条棉被。如此一来，北极狐无需冬眠就可以度过北极漫长的冬季了！

全能猎手

作为肉食动物，北极狐最喜欢的食物当然是旅鼠了。但在寒冷的北极，旅鼠想要生存下来也是十分困难的。聪明的北极狐才不会守株待"鼠"，它们学了许多本领：捉海鸟，偷鸟蛋，猎北极兔，或者在海边捞取软体动物。它们简直成了"全能猎手"！到了秋天，它们也会到草丛中寻找一点浆果吃，以补充身体所必须的维生素。当食物十分缺乏时，北极狐就会悄悄地尾随北极熊，吃它们吃剩下的海豹肉或鱼肉。除此之外，它们有时还会冒险去窃取爱斯基摩人的食物。

会变色的外衣

　　按毛色，北极狐可以分为两类：一类是变色狐，一类是天蓝北极狐。变色狐到夏天会长出比较稀少的银灰色脊背毛，面部、脊背的两侧和过渡到腹部的毛则为灰白色；在肩部有黑色和灰色的花纹向下延伸至脚部，形成不明显的十字图形。而到了冬天，它们全身的毛又会变成白色，和周围的环境浑然一体。而天蓝北极狐一年四季都穿着蓝灰色的外衣，这是与它们的生活环

jìng xiāng shì yìng de jié guǒ　　yīn wèi　　tiān lán běi jí
境相适应的结果。因为，天蓝北极

hú de zhǔ yào huó dòng chǎng suǒ zài běi bīng yáng de yán
狐的主要活动场所在北冰洋的沿

àn　　pí máo de lán huī sè zhèng hǎo hé hǎi shuǐ de
岸，皮毛的蓝灰色正好和海水的

lán sè xiāng duì yìng　　qǐ dào le bǎo hù sè de zuò
蓝色相对应，起到了保护色的作

yòng　　bú guò　　biàn sè běi jí hú hé tiān lán běi jí
用。不过，变色北极狐和天蓝北极

hú bìng wú yán gé zhǒng zú shàng de jiè xiàn　　yǒu shí tā
狐并无严格种族上的界限，有时它

men huì zài yì qǐ hùn jū　　ruò èr zhě jiāo pèi　　shēng chū de hòu dài kě
们会在一起混居，若二者交配，生出的后代可

néng shì bái sè　　lán huī sè huò jiān ér yǒu zhī
能是白色、蓝灰色或兼而有之。

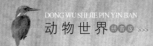 kě pà de　　fēng wǔ bìng
可怕的"疯舞病"

běi jí hú de shù liàng shì suí lǚ shǔ shù liàng de bō dòng ér
北极狐的数量是随旅鼠数量的波动而

bō dòng de　　tōng cháng qíng kuàng xià　　lǚ shǔ dà liàng sǐ wáng
波动的。通常情况下，旅鼠大量死亡

的低峰年，正是北极狐数量的高峰年。"僧多粥少"，实在没有办法，为了生计，北极狐开始远走他乡。这时候，狐群会莫名其妙地流行一种"疯舞病"。

这种病是由病毒侵入神经系统所致，得病的北极狐会变得异常激动和兴奋，往往控制不住自己，到处乱闯乱撞，甚至敢攻击过路的狗和狼。得病者大多在第一年冬季就死掉了，尸体多达每平方千米两只。

北极熊——冰上霸王
běi jí xióng —— bīng shang bà wáng

北极熊头小耳圆，身躯庞大，白色的毛皮之下是让人意想不到的黑色皮肤，能够生活在北极极其寒冷的环境中。

御寒的秘密武器

北极熊一共有两层体毛，一层是我们能够看到的长长的外毛，另一层则是紧贴皮肤的又细又短的内毛。如果将它们的外毛放在显微镜下，你会发现每一根都是中空的，就像吸管一样。毛发中空的部分可以保存大量的空气，空气有极好的隔热作用。拥有了外毛，北极熊体表的热量就不容易散失了。除此之外，北极熊的内毛也暗藏玄机。我们都知道，水是防寒的最大敌人，而北极熊经常要到水里捕捉猎物。浑身湿透之后，体表温度就会迅速下降，那北极熊不就被冻成"冰熊"了？不过别担心，北极熊的内毛拥有超强的防水性，能够帮助抵御水对北极熊身体的侵害。

其实是个黑小伙儿

我们看到的北极熊就像一团大棉花，白白胖胖的，煞是可爱。可是你大概不知道，北极熊其实是个黑小伙儿！只要拨开北极熊厚厚的毛发，你就会发现它全身的皮肤都是黑色的。不信你看看它裸露在外面的眼睛、嘴巴和鼻子，这些毛发不能遮盖的地方早就出卖了它。既然说到这里，我们就再揭揭北极熊的老底。事实上，北极熊的毛发也不是纯白色的，而是白中带黄，并且呈半透明状。只不过在太阳的照射下，才显得又白又亮。当然，太阳的热量能够轻易透过半透明的毛发，被北极熊黑色的皮肤高效吸收，如此一来，北极熊就更不怕冷了！

捕猎高手
bǔ liè gāo shǒu

别看北极熊样子笨笨
bié kàn běi jí xióng yàng zi bèn bèn

的，它们可是捕猎好手，
de　　tā men kě shì bǔ liè hǎo shǒu

不仅技术过硬，还很有计
bù jǐn jì shù guò yìng　　hái hěn yǒu jì

谋。捕猎时，北极熊最
móu　bǔ liè shí　běi jí xióng zuì

常用的招数就是"按兵
cháng yòng de zhāo shù jiù shì　　àn bīng

不动"。为了抓到最爱吃的海豹，北极熊常常要在冰盖上静
bú dòng　　wèi le zhuā dào zuì ài chī de hǎi bào　běi jí xióng cháng cháng yào zài bīng gài shang jìng

静守候几个小时，一动也不动——看不出来吧，这些大家伙其
jìng shǒu hòu jǐ gè xiǎo shí　yí dòng yě bú dòng　　kàn bù chū lai ba　zhè xiē dà jiā huo qí

实很有耐心。一旦海豹从冰下露出头来呼吸，北极熊就会突然
shí hěn yǒu nài xīn　yí dàn hǎi bào cóng bīng xià lù chū tóu lái hū xī　běi jí xióng jiù huì tū rán

冲上去用前爪猛击海豹的头部，有时用力过猛，海豹的头
chōng shàng qu yòng qián zhǎo měng jī hǎi bào de tóu bù　yǒu shí yòng lì guò měng　hǎi bào de tóu

盖骨都能被击碎。然后，北极熊会把被打蒙的海豹拖到冰上，
gài gǔ dōu néng bèi jī suì　rán hòu　běi jí xióng huì bǎ bèi dǎ mēng de hǎi bào tuō dào bīng shang

好好地美餐一顿。
hǎo hǎo de měi cān yí dùn

除了有耐心，北极熊也很有计谋。如果正赶上海豹在水面上玩耍，北极熊不会傻傻地直接飞奔过去，这样会吓跑海豹，如此一来，不但白忙活一场，还很消耗体力。每当这种时候，北极熊会走到海豹看不到的地方悄悄下海，然后慢慢靠近……在这个过程中，它们还经常会用浮冰作掩护，让人想不到的是，它们居然还会用雪白的爪子遮住黑色的鼻子，以防暴露。只要顺利地到达海豹跟前，北极熊就会以迅雷不及掩耳的速度将海豹捕获。

温馨的"两居室"

北极熊造"房子"也是一绝。它们会先选择一个背风的地方，然后用爪子在厚厚的雪堆上挖一个洞。大多数北极熊会精心设计自己的家，它们的雪洞通常由两部分组成。雪洞的"大门"一般比较狭窄，北极熊只能蜷缩着身子慢慢爬进去；穿过狭窄的通道，你会看到两个房间：一间是储藏室，用来储藏食物，另一间就是卧室了。

长鼻猴——"三项冠军"

长鼻猴，顾名思义，是因鼻子长而得名的，它的鼻子是灵长类中最长的。除此之外，这种长相特殊的灵长类动物还有其他与众不同的特点，均可在猴界夺冠呢！

鼻子最长

长鼻猴的脸不大，鼻子却大得出奇，它又大又长的鼻子为它赢得了第一项冠军。其鼻子还会随着年龄的增长越长越长，最终达到7～8厘米。长鼻子也是区分长鼻猴雌雄的一大标志，因为雌猴的鼻子小得多，且朝上翘着。长鼻猴的鼻子可以发出独特的喇叭声。雄猴在争斗时就常常用它的鼻子向对手发出"警告"，气流会使下垂的鼻子鼓起来，并且高高挺起，仿佛一个吹胀的紫红色气球。

游泳最好

在众多的猴中，长鼻猴还有一大特征——脚趾间有蹼，这在灵长类动物中绝无仅有，这也使它们成为最会游泳的猴子。长鼻猴仅生活在亚洲东南部的加里曼丹岛上，那里气候炎热、土地贫瘠，生存环境并不理想。为了改善伙食，它们常到河中找水生植物或小鱼虾吃，因此练就了游泳的好本事。长鼻猴跳水时会先从树上跃起，然后在空中画出一道下落弧线。入水时，长鼻猴会先将前肢伸出，慢慢试探水深。在海边的浅水地带，它们也能够像人一样，伸开双臂涉水而行。

体重最重

长鼻猴的体型比一般猴类要大，毛大多是棕红色的，臀部和尾巴则是显眼的白色，像是穿了一条"纸尿裤"。不过，这都没有它那圆滚滚的大肚子显眼，它可是世界上最重的猴子。无论雌雄，长鼻猴都挺着大肚子，人们常常将雄猴误认为是怀孕的雌猴。长鼻猴的胃口大得惊人，它们经常从一棵树跳到另一棵树上寻找食物。一旦发现美食，它们可以没完没了地吃，因此胃就被撑大了。

袋熊——长口袋的"熊"
dài xióng —— zhǎng kǒu dai de xióng

袋熊体格粗壮，矮胖敦实，体长70~120厘米，体重15~35千克，生活在澳大利亚的东南部。

"五短"身材
wǔ duǎn shēn cái

袋熊和树袋熊可不是一种动物，但是它们却有一个共同的特点，那就是可爱。袋熊长相有些像熊，但是身材可比熊小多了。它们最大的特点就是腹部长有育儿袋，就像袋鼠一样。但与袋鼠不同的是，袋熊的育儿袋内有两个乳头，而且袋口向后开。袋熊的尾巴很短，几乎退化，眼睛和耳朵非常小，四肢也很短，可以称得上是货真价实的"五短"身材。除此之外，袋熊所有的牙齿都没有齿根，最让人称奇的是，这些牙齿一生都在生长。

挖洞"专家"
wā dòng zhuān jiā

袋熊生活在草原和丘陵地带，

xué jū   hěn shàn yú wā dòng   tā men qī jū de dòng xué hěn dà
穴居，很善于挖洞。它们栖居的洞穴很大，

zòng shēn kě dá   mǐ   kuān yě yǒu   lí mǐ   cóng dòng xué
纵深可达10米，宽也有60厘米。从洞穴

jìn qu   yào zǒu dào mò duān cái néng kàn dào tā men de wò shì
进去，要走到末端才能看到它们的卧室。

dài xióng kě shì huì shēng huó de xiǎo jiā huo   tā men de   xiǎo
袋熊可是会生活的小家伙，它们的"小

chuáng shang pū mǎn le cǎo hé shù pí   fēi cháng róu ruǎn   tōng cháng
床"上铺满了草和树皮，非常柔软。通常，

dài xióng dōu shì dú lì jū zhù de   yǒu shí   zhī zài yì qǐ shēng
袋熊都是独立居住的，有时2~3只在一起生

huó   suǒ yǐ   zhè yàng wēn xīn de xiǎo jiā duì tā men lái shuō shì fēi
活。所以，这样温馨的小家对它们来说是非

cháng kuān chang de   dài xióng shì yè xíng dòng wù   tōng cháng bái tiān cáng
常宽敞的。袋熊是夜行动物，通常白天藏

zài dòng zhōng shú shuì   wǎn shang cái chū qu zhǎo chī de
在洞中熟睡，晚上才出去找吃的。

懒猴——猴中的"小懒王"

懒猴是猴子大家族中的另类,与那些整日里上蹿下跳的同族亲戚不同,它们平日里都生活在树上,极少下地,且行动极其缓慢,因此得名"懒猴"。

🐾 懒猴为何懒

懒猴生活在温暖湿润的茂密丛林中,它们四周都是结满果实的植物,果子触手可及、张口可食,这种优越的生活环境给了它们犯懒的资本。懒猴还有一个生活习性和其他灵长类不同,它们畏光怕热,昼伏夜出。白天,它们都躲在隐蔽的树洞里或树枝间,把身体蜷缩成一个毛茸茸的圆球,抱头大睡,而且一睡就是一天。晚上,它们才会睁开眼睛出来觅食,在树枝上慢腾腾地爬行,遇到可吃的东西,就随便吃上一点儿。为了减少活动量,它吃得很慢很少,为了不动嘴,几天不

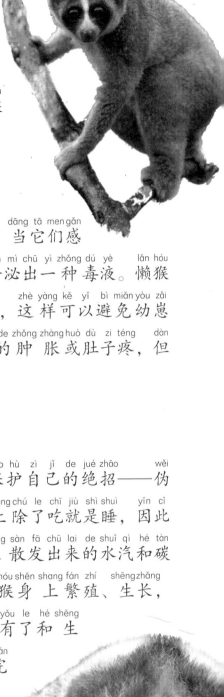

吃也是常事。爬行时，它们常常走一步停两步，有人曾经仔细观察过，懒猴挪动一步大约需要12秒。

唯一有毒的灵长类

懒猴是唯一一种有毒的灵长类动物，当它们感到自己受到威胁时，手肘部的腺体就会分泌出一种毒液。懒猴从肘部吸入毒液，将毒液抹在幼崽周围，这样可以避免幼崽在野外被捕食。被懒猴咬伤会导致严重的肿胀或肚子疼，但其毒液并不致命。

伪装来自保

除了投毒的本领外，懒猴还有一个保护自己的绝招——伪装。由于它们一天到晚很少活动，基本上除了吃就是睡，因此地衣或藻类植物得以不断吸收它们身上散发出来的水汽和碳酸气。这些吸收了养分的植物还会在懒猴身上繁殖、生长，把它们严严实实地包裹起来，使它们拥有了和生活环境色彩一致的保护衣，有了这样完美的伪装，就很难被敌人发现了。因此，懒猴也叫拟猴，意思就是它们可以模拟绿色植物，躲避天敌伤害。

103

喜马拉雅旱獭——高原上的"懒虫"
xǐ mǎ lā yǎ hàn tǎ   gāo yuán shang de   lǎn chóng

xǐ mǎ lā yǎ hàn tǎ shì yì zhǒng dà xíng niè chǐ dòng wù   tǐ cháng tōng cháng zài   lí mǐ
喜马拉雅旱獭是一种大型啮齿动物，体长通常在45~67厘米
zhī jiān   tǐ zhòng zài   kè zhī jiān   tā men shēng huó zài qīng zàng gāo yuán zhī shàng
之间，体重在4500～7250克之间。它们生活在青藏高原之上。

🐾 有趣的洞穴
yǒu qù de dòng xué

hàn tǎ hé rén lèi yí yàng   tōng cháng shì yì jiā jǐ kǒu gòng tóng shēng huó   yòu zǎi zhǎng dà
旱獭和人类一样，通常是一家几口共同生活，幼崽长大
hòu cái huì lí kāi fù mǔ   hàn tǎ shì fēi cháng qín láo de xiǎo dòng wù   tā men yì bān huì wā
后才会离开父母。旱獭是非常勤劳的小动物，它们一般会挖
liǎng gè dòng xué   yí gè shì lín shí dòng   yí gè shì qī jū dòng   ér qī jū dòng yòu fēn wéi dōng
两个洞穴，一个是临时洞，一个是栖居洞。而栖居洞又分为冬
dòng hé xià dòng liǎng zhǒng lèi xíng   qí tā dì qū de hàn tǎ dōu huì jīng xīn shè jì zì jǐ de dòng
洞和夏洞两种类型。其他地区的旱獭都会精心设计自己的洞
xué   dàn shì xǐ mǎ lā yǎ hàn tǎ duì dòng xué de yāo qiú bìng bù gāo   tā men de dōng dòng hé xià
穴，但是喜马拉雅旱獭对洞穴的要求并不高。它们的冬洞和夏
dòng qū bié bú dà   dōu kě yǐ zuò wéi fán zhí hé yè jiān xiū xi de chù suǒ   ér lín shí dòng de
洞区别不大，都可以作为繁殖和夜间休息的处所。而临时洞的
gòu zào shí fēn jiǎn dān   tōng cháng zhǐ yǒu yì liǎng gè dòng kǒu   dòng dào zhǐ yǒu   mǐ
构造十分简单，通常只有一两个洞口，洞道只有1～2米，
bìng qiě dòng nèi zhǐ yǒu shì   ér méi yǒu wō cháo   zài dōng dòng yǔ xià dòng de zhōu wéi   xǐ mǎ
并且洞内只有室，而没有窝巢。在冬洞与夏洞的周围，喜马
lā yǎ hàn tǎ huì wā hěn duō lín shí dòng   zhǔ yào wèi xún zhǎo shí wù shí táo bì dí hài zhī yòng
拉雅旱獭会挖很多临时洞，主要为寻找食物时逃避敌害之用。
dāng rán   zhè xiē lín shí dòng xué yě kě yǐ zuò wéi xià jì zhōng wǔ de xiē liáng dì
当然，这些临时洞穴也可以作为夏季中午的歇凉地。

🐾 安全才是第一位
ān quán cái shì dì yī wèi

xǐ mǎ lā yǎ hàn tǎ měi cì chū dòng zhī qián zǒng shì xiān tàn chū tóu lái sì
喜马拉雅旱獭每次出洞之前总是先探出头来四

处张望，当它们觉得安全后，才会露出半个身子。但是它们不会马上出洞，而是扒在洞口晒晒太阳，然后发出鸣叫声。这时，临近的同类通常会响应，一起鸣叫。此后不久，它们就开始寻找食物了，除非是遇到敌害，否则它们整天都不会再发声鸣叫。而太阳下山以后，它们就会回到洞中休息，为了安全，夜间不再出来活动。

睡不醒的"冬半年"

换毛结束后，喜马拉雅旱獭就要囤积脂肪了。每年9月份，旱獭一个个都会变得圆滚滚的。10月来临时，它们就要"睡觉"了。冬眠时，喜马拉雅旱獭常用土掺和粪尿紧紧地塞住接近冬巢的内洞口。

喜马拉雅旱獭在冬眠时，不吃东西，也不活动，基本处于麻痹熟睡的状态。这时候，即使你用针去刺它们，它们都不会惊醒。

金丝猴——我国珍贵动物

jīn sī hóu shì wǒ guó de guó bǎo jí dòng wù   tā men tǐ cháng yuē

金丝猴是我国的国宝级动物，它们体长约70

lí mǐ   wěi cháng yǔ tǐ cháng jī hū xiāng děng   máo sè yàn lì   xìng qíng

厘米，尾长与体长几乎相等，毛色艳丽，性情

wēn hé   shā shì kě ài

温和，煞是可爱。

漂亮的外衣

jīn sī hóu   tīng dào zhè ge míng zi   nǐ yí dìng rèn wéi

"金丝猴"，听到这个名字，你一定认为

tā men shì yì zhǒng quán shēn zhǎng mǎn le jīn sè tǐ máo de hóu zi

它们是一种全身长满了金色体毛的猴子。

rú guǒ zhè yàng lǐ jiě   nà me nǐ zhǐ lǐ jiě duì le yí bàn   shēng huó zài wǒ guó sì chuān dì qū

如果这样理解，那么你只理解对了一半。生活在我国四川地区

de jīn sī hóu dí què   hóu   rú qí míng   zài yáng guāng xià jīn guāng shǎn shǎn de máo fà ràng tā

的金丝猴的确"猴"如其名，在阳光下金光闪闪的毛发让它

men chéng wéi zhè ge zhǒng qún zhōng zuì piào

们成为这个种群中最漂

liang de yì zhǒng   dàn shì jū zhù zài qí

亮的一种。但是居住在其

tā dì qū de jīn sī hóu què méi yǒu jīn

他地区的金丝猴却没有金

sè de tǐ máo   dàn shì   tā men de

色的体毛。但是，它们的

máo sè yě shí fēn hǎo kàn   bǐ rú qī

毛色也十分好看，比如栖

xī zài wǒ guó yún nán dì qū de jīn sī

息在我国云南地区的金丝

hóu　　 tā men de tǐ máo zhǔ yào shì hēi huī sè hé bái sè de　　　　bèi bù pī zhe hēi máo　 tún bù
猴，它们的体毛主要是黑灰色和白色的，背部披着黑毛，臀部、

fù bù hé xiōng bù dōu shì bái máo　　 liǎn shang bái lǐ tòu fěn　　yě fēi cháng rě rén xǐ ài
腹部和胸部都是白毛，脸上白里透粉，也非常惹人喜爱。

qǐng jiào wǒ　　yǎng bí hóu
请叫我"仰鼻猴"

jīn sè de tǐ máo suàn bú shàng　 jīn sī hóu　 zhǒng qún de gòng tóng tè zhēng　 xíng zhuàng qí
金色的体毛算不上"金丝猴"种群的共同特征，形状奇

tè de bí kǒng cái shì yòng yǐ biàn rèn zhè zhǒng dòng wù de zuì hǎo tè zhēng　 jīn sī hóu de bí zi
特的鼻孔才是用以辨认这种动物的最好特征。金丝猴的鼻子

hěn tè bié　　 yīn wèi bí zi jí dù tuì huà　　 tā men méi yǒu bí liáng　　zài hòu hòu de zuǐ chún shàng
很特别，因为鼻子极度退化，它们没有鼻梁，在厚厚的嘴唇上

miàn zhǐ yǒu liǎng gè　 yǎng miàn cháo tiān　de bí kǒng　 yuǎn yuǎn kàn qù　　jiù xiàng shì liǎng gè xiǎo
面只有两个"仰面朝天"的鼻孔，远远看去，就像是两个小

kū long　　yīn cǐ　　 rén men yě xǐ huang guǎn jīn sī hóu jiào　 yǎng bí hóu
窟窿。因此，人们也喜欢管金丝猴叫"仰鼻猴"。

páng dà de qún tǐ
庞大的群体

jīn sī hóu shì qún jū dòng wù　　 měi gè dà de jí qún shì àn jiā zú xìng de xiǎo jí qún wéi huó
金丝猴是群居动物，每个大的集群是按家族性的小集群为活

dòng dān wèi de　　 zuì dà de qún tǐ kě dá　　 yú zhī　zài líng zhǎng lèi zhōng　 rú cǐ páng dà
动单位的。最大的群体可达600余只。在灵长类中，如此庞大

de qún tǐ shí shǔ hǎn jiàn　 jīn sī hóu de shè huì tōng cháng fēn wéi liǎng zhǒng dān yuán　 yì zhǒng shì
的群体实属罕见。金丝猴的社会通常分为两种单元，一种是

jiā tíng dān yuán　 zhè zhǒng dān yuán yóu yì zhī chéng nián gōng hóu dān rèn jiā zhǎng　 tā yōng yǒu duō
家庭单元，这种单元由一只成年公猴担任家长，它拥有多

gè qī qiè hé zhòng duō ér nǚ　　 lìng yì zhǒng zé shì quán xióng dān yuán　 zhè zhǒng dān yuán zhōng quán
个妻妾和众多儿女；另一种则是全雄单元，这种单元中全

shì gōng hóu zi　 chéng yuán shēn fen fù zá　 bèi jǐng duō
是公猴子，成员身份复杂、背景多

yàng　　 qí zhōng bāo kuò yǐ jīng tuì wèi de jiā
样，其中包括已经退位的家

zhǎng　 méi yǒu dāng shàng jiā zhǎng de yà chéng
长、没有当上家长的亚成

nián gōng hóu　　 hái yǒu gāng bèi jiā zhǎng gǎn
年公猴，还有刚被家长赶

chū lai de shào nián gōng hóu
出来的少年公猴。

马来貘——"四不像"小怪兽

提到"四不像",大部分人的第一反应都是麋鹿,那是原产于我国的珍稀动物。但在国外也有一种珍稀的"四不像",这种长相奇特的小怪兽叫马来貘。

🐾 为何被称为"四不像"

对于很多人来说,貘这种动物是陌生的,但它不是人们臆想出来的神话动物,而是真实存在的,唯一现存于亚洲的貘就是马来貘。

它们的两只大耳朵像马,耳上沿还有一小段白色的毛,听觉十分灵敏;它们的后腿像犀牛,粗壮有力,使它们善于奔跑、爬山,一只成年的马来貘

108

平均一天可行走12.5千米；它们的鼻子似象，比嘴巴突出约5厘米，呈圆筒形，柔软而下垂，能够自由伸缩，不仅可以敏锐地辨别气味、侦测危险，还可以巧妙地卷摘食物；它们的身躯像猪，滚圆而肥壮，样子十分可爱。

不挑食的素食者

马来貘性情孤僻，大多独自行动，偶而也会有2~3只的小群体活动。它们不喜欢强光，只在夜间出来活动，白天则躲在阴暗的地方休息。别看其块头很大，但却是只吃植物的素食主义者。马来貘不挑食，能吃近百种植物，偏爱多汁植物的嫩枝芽、叶片、果子和水生植物，每天能吃掉约9千克的食物。其牙齿非常坚硬，能够咬断粗硬的树枝，白齿的咀嚼面很宽，就像大磨盘一样，很适合用来磨碎食物。

犰狳——铠甲勇士
qiú yú — kǎi jiǎ yǒng shì

犰狳又叫铠鼠，是唯一一种带壳的哺乳动物，如果你头一次见到犰狳，一定会对它的怪模样产生兴趣。它的壳分为三部分：前后两部分由整块不能伸缩的骨质鳞甲所覆盖；中段的鳞甲呈带状，与肌肉相连，可以自由伸缩；尾巴和腿上也有鳞甲，腹部还长有毛。其骨质鳞甲由许多小骨片组成，每个骨片上都长着一层角质物质，十分坚硬。

🐾 当之无愧的害虫克星

犰狳属于夜行性的杂食动物，它们白天躲在自然形成或自己挖掘的洞穴里休息，等到夜幕降临，它们就会伸出和猪一样的长鼻子，凭借敏锐的嗅觉，弄清洞外有没有敌人后再向外爬。一出洞，它们就会把长嘴伸进落叶层或潮湿的土壤中，仔细寻找食物，甲虫、蝗虫、白蚁和

dú shé děng dōu shì tā men de lǐ xiǎng liè wù
毒蛇等 都是它们的理想猎物。

fáng yù shǒu duàn zhī kuài shǎn gōng
防御手段之"快闪功"

qiú yú jù yǒu jí líng mǐn de xiù jué hé shì jué dāng tā men yì
犰狳具有极灵敏的嗅觉和视觉，当它们意

shí dào chǔ jìng wēi xiǎn shí dì yī xuǎn zé jiù shì fēi bēn jìn fù jìn de shù cóng yòng nóng mì de
识到处境危险时，第一选择就是飞奔进附近的树丛，用浓密的

zhī tiáo zuò wéi píng zhàng jiāng zì jǐ cáng qǐ lai rú guǒ shí jiān chōng yù zhǐ xū yī liǎng fēn
枝条作为屏障，将自己藏起来。如果时间充裕，只需一两分

zhōng qiú yú jiù néng páo chū yí gè zhǎi dòng jiāng zì jǐ de shēn tǐ jǐn jǐn sāi zài dòng li shǐ
钟，犰狳就能刨出一个窄洞，将自己的身体紧紧塞在洞里，使

dí rén jī hū bù kě néng bǎ tā zhuài chū lai píng rì lǐ qiú yú hái xǐ huan wán jiǎo tù
敌人几乎不可能把它拽出来。平日里，犰狳还喜欢玩"狡兔

sān kū de bǎ xì tā men cháng cháng duō wā jǐ gè dòng měi gè dòng yòu yǒu hǎo jǐ gè chū
三窟"的把戏，它们 常 常 多挖几个洞，每个洞又有好几个出

kǒu ér qiě zhè xiē chū kǒu zǒng cáng zài yǐn bì de dì fang bǐ rú shù gēn jiān shù gàn li huò
口，而且这些出口总藏在隐蔽的地方，比如树根间、树干里或

dī bà xià yí dàn dí rén lái xí tā men jiù yǒu shí jiān cóng gè chū kǒu táo pǎo le
堤坝下，一旦敌人来袭，它们就有时间从各出口逃跑了。

儒艮——真实版美人鱼

童话故事《海的女儿》中的主人公小美人鱼是一位善良美丽的姑娘，她的上半身是人的身躯，下半身是鱼的尾巴。在现实的海洋中还真有一种动物被人们认为是"美人鱼"的原型，它就是儒艮。

"美人鱼"的真面目

儒艮的身体就像一根中间粗、两头细的巨型纺锤，看上去与海象有些类似。皮肤较为光滑，呈褐色或灰白色，腹部颜色比背部浅，体表还有稀疏的毛。它的脑袋又大又圆，眼睛和鼻子都很小，嘴巴却又厚又大。而宽大扁平的嘴便于它把泥沙排开，进食海中植物，嘴边的短须也是它进食时的重要工具。其鼻孔位于大嘴的上方，适于在水面上呼吸，鼻孔上还有瓣膜，在它潜水时可封住鼻孔。儒艮的前肢较短，呈鳍状，末端略圆且没有趾甲，后肢则严重退化。儒艮幼崽主要靠胸鳍的摆动前进，成年后则主要靠尾鳍。

不挑食的"水中除草机"

身为"美人鱼"的儒艮并不爱美，它们一点也不挑食，从来都不注意保持体形。儒艮多以海藻、水草等多汁的植物为食，但凡水生植物，它们基本上都能吃，而且一张嘴就能吃掉整株植物。它们的食量很大，每天能吃掉45千克以上的水生植物，相当于其体重的5%～10%，所以它们每天都有很长一部分时间花在进食上。爱吃草的儒艮还有"水中除草机"的称号。

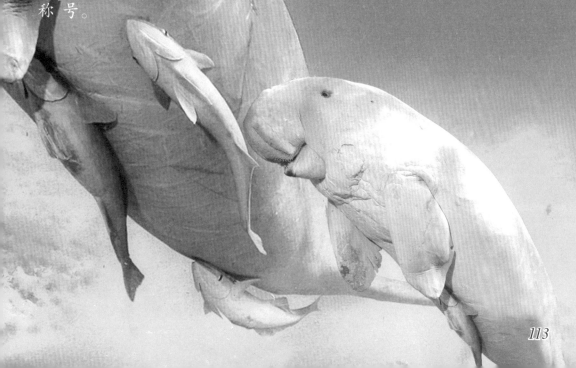

食蚁兽——爱吃蚂蚁的怪兽

shí yǐ shòu　　　　　　ài chī mǎ yǐ de guài shòu

食蚁兽是一种以蚂蚁为主要食物的动物，它们长相奇特，主要栖息于中美洲和南美洲。

长相怪异的家伙

食蚁兽的头部很长，就像一个又长又尖的圆锥，脑门扁平，脑容量非常小。耳朵、眼睛和鼻子也都小得可怜。嘴巴就更小了，就是头部前段的一个小孔而已。食蚁兽有非常粗壮的前肢，前肢上长着尖锐而弯曲的爪子。

舌头就像一条长鞭子

要说最有特点的，当属食蚁兽的舌头。食蚁兽

114

没有牙齿，但却有一条像蠕虫一样的长舌头。这可是它的捕食利器，能完成最复杂的捕食任务。食蚁兽整条舌头都可以灵活伸缩，最多能伸到60厘米长，而宽度却只有1~1.5厘米，伸缩频率可达到每分钟150次。食蚁兽的舌头上面布满了唾液和腮腺分泌物的混合黏液，蚂蚁们一碰到这些黏液就再也跑不掉了。

濒临灭绝的物种

大食蚁兽的肉可食用，因此常常遭到人类的捕捉，数量大量减少，20世纪70年代它们被列为世界保护动物。二趾食蚁兽和环颈食蚁兽完全或部分过着树栖生活，但是随着美洲原始森林的大量消失，它们也濒临灭绝。

树懒——
动物王国的大懒虫

树懒，体长能达到 55 厘米，体重约 4 千克，虽然其貌不扬，却长着一张小笑脸。它们几乎一生都生活在树上。

🐾 倒挂看世界

树懒一生中的大部分时间都倒挂在树上，虽然不缺胳膊，不少腿，但它们却不会走路。也许你会问：树懒不是个大懒虫吗？难道倒挂在树上比走路还轻松？是的，对于树懒来说，倒挂是一件再容易不过的事情。因为它们长着又细又长并且能够弯曲的爪子，那四只爪子能像钩子一样紧紧地抓住树枝。这个头朝下的动作对于树懒来说非常舒服。

树上的慢生活

树懒之所以叫这个名字，是因为它们什么事都懒得做，甚至懒得去吃，懒得去玩耍，能一个月不吃东西，非得活动不可时，动作也是懒洋洋的，行动极其迟缓。就连被人追赶、捕捉时，它们也好像若无其事似的，慢吞吞地爬行。

天然的"绿毛衣"

因为长年累月不清洁身体，树懒的身上慢慢地长出一种微型植物，本来褐色的毛渐渐地就变成了绿色，远远看去就像穿着一件绿毛衣。树懒的身体散发着水汽，它们呼吸的时候会呼出碳酸气，所以当绿藻、地衣等植物的孢子落到树懒的毛上，便会滋生长大。

特别是在雨季，它们的毛上长满了绿藻，有时甚至还生活着小昆虫。绿藻和昆虫从树懒皮毛的分泌物中汲取营养，也为它们涂上了一层隐蔽色。

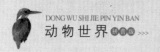
羊驼——温和的美洲驼

羊驼的长相比较奇怪，有些像羊，有些像马，还有些像骆驼。这种动物分布于南美洲玻利维亚、智利等地，性格极其温和。

🐾 我很丑，但我很温柔

羊驼的性格十分温和，很容易接近。这些温柔的动物就连吃那些小草、小树叶的时候，也会很小心、很轻柔地咀嚼，绝不会像山羊一样连根刨起来，吃个干净。遇到干旱和食物缺乏的时候，它们总是尽量去更多的地方寻找更多的食物，绝不会因为饥饿就把能吃的植物一点儿不剩地啃光。此外，羊驼的叫声也很温和，它们只是偶尔会发出"吭吭"的声音。羊驼不像鹿或者山羊长着尖利的角，所以它们从不和其他动物打斗，这就使得它们遇到敌害时，只能依靠敏锐的听觉、嗅觉和视觉，一旦发现，便快速

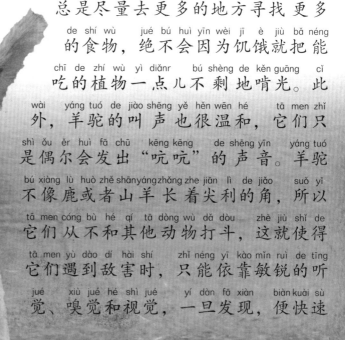

lí kāi
离开。

讲义气

羊驼是一种很讲义气的动物，在遇到敌害集体逃跑的过程中，如果领头的羊驼受伤跌倒，其余的羊驼绝不会自己逃走，它们之中总会有一部分留下来，并聚集在首领身边，然后用鼻子拱它，帮它站起来。

吐口水躲避敌害

美洲驼家族的所有成员都有一个共同的家传秘籍——吐口水！它们吐口水的动作非常娴熟，可以精确地命中敌人的脸，当对方一时没法睁开眼睛时，它们就可以趁机溜之大吉。

DONG WU SHI JIE PIN YIN BAN

动物世界 拼音版 >>>

紫羚——非洲最漂亮的羚羊
zǐ líng fēi zhōu zuì piào liang de líng yáng

zài fēi zhōu zǐ líng bìng bú xiàng qí tā zhǒng lèi de líng yáng nà yàng shēng huó zài guǎng mào de dà cǎo yuán
在非洲，紫羚并不像其他种类的羚羊那样生活在广袤的大草原

zhōng ér shì qī xī zài mào mì de rè dài yǔ lín li suǒ yǐ nǐ ruò xiǎng yào jiàn tā men yí miàn kě bú shì
中，而是栖息在茂密的热带雨林里。所以，你若想要见它们一面，可不是

yí jiàn róng yì de shì qing
一件容易的事情。

机警的胆小鬼
jī jǐng de dǎn xiǎo guǐ

bié kàn zǐ líng de tǐ xíng hěn dà tā men de dǎn zi
别看紫羚的体型很大，它们的胆子

què fēi cháng xiǎo bú guò tā men shēng xìng jī jǐng
却非常小。不过，它们生性机警，

bēn pǎo de sù dù yě hěn kuài nǎ pà tīng dào yì diǎn diǎn
奔跑的速度也很快，哪怕听到一点点

fēng chuī cǎo dòng dōu huì pīn le mìng de táo pǎo
风吹草动，都会拼了命地逃跑。

生活安逸，没烦恼
shēng huó ān yì méi fán nǎo

yóu yú zǐ líng qī xī yú hǎi bá
由于紫羚栖息于海拔4000

mǐ yǐ xià de mì lín dì qū shēng huó huán jìng
米以下的密林地区，生活环境

yǐn bì yōu àn suǒ yǐ bìng bù xū yào jí jié
隐蔽幽暗，所以并不需要集结

120

成群来抵御食肉动物的追捕。一般情况下，它们会以家庭作为活动的单位，一个家庭大约由1只雄羚和6~8只雌羚以及若干幼羚组成，最多不超过20只。但在非繁殖季节，成年雄性会独自生活。

只生一个好

紫羚非常爱惜自己头上那对漂亮的角，它们的角主要是用来吸引异性的。所以，在繁殖季节，雄性紫羚之间并不会因夺偶而发生激烈的争斗，因为它们害怕会损伤双角。雌性紫羚的怀孕期大约有9个月，一般会在12月至翌年1月生产。它们也会实行"计划生育"，每胎仅产1只。幼羚的发育速度非常快，在3个半月时便开始长角，2~3岁就达到性成熟。

鬃狼——爱吃素的长腿狼

鬃狼，可以说是狼中的另类，作为南美洲最大的犬科动物，它们拥有修长的腿，长得还很像狐狸。除此之外，与其他狼相比，它们没那么凶残，甚至更爱吃狼果和仙人掌等植物。

似狐非狐

乍一看鬃狼，你会被它棕红色的"外套"、尖尖的大耳朵和蓬松的大尾巴所误导，以为它是狐狸。再仔细观察一番，你会发现它比狐狸要高挑得多，而且背部和腿部都有黑色的部分，尾巴尖部、喉咙处则为白色。最不同的一点就是，它有着纤细、修长的四肢，像踩着高跷一样，有利于它站在高高的草丛中向四周张望，以躲避危险、寻找猎物。鬃狼的四肢虽长，但它走路时前腿和后腿是一起向前的，俗称"顺拐"。鬃狼脖子上的深色鬃毛还可以像骏马那样竖起来，扩大身体轮廓，以佯装强大，这也是它名字的由来。

昼伏夜出的规律生活

鬃狼每日的活动十分规律，白天一般"宅"在植被茂密的领地上睡觉或悠闲地散步，到了夜间才开始外出狩猎。大约从凌晨3点半到清晨6点左右，鬃狼最为活跃，其活动也达到最高峰。过了7点半，太阳升起后，鬃狼就返回巢穴休息，或是在小山冈上睡几小时，不再活动。

狼也吃素?

鬃狼不狩猎大型动物，因此犬齿不像其他狼族成员那样发达。在以肉为食的狼族中，鬃狼的食谱绝对是另类的，它们的食物中50%以上都是水果和植物，所以称它们为"素食主义者"也不为过。

一夫一妻制

鬃狼的另类不仅表现在吃素方面，与其他狼族相比，它们的狼性真的很少。它们不习惯群居生活，还保持着专一的一夫一妻制。

3

第三章

kūn chóng

昆 虫

kūn chóng de tè zhēng
昆虫的特征

昆虫属于节肢动物，它们个体虽小，但形态各异。每种昆虫都有其独特之处：有的力气极大，如蚂蚁；有的美丽非凡，如蝴蝶；有的辛勤忙碌，如蜜蜂；有的令人反感，如苍蝇、蚊子等。具体来看，昆虫具有哪些特征呢？

最显著的特征

如果经常观察昆虫，你就会发现，无论哪种昆虫，它们的身体都明显地分为头、胸、腹3部分。每一部分又分出了很多细小的环节，如胸部又细分为前胸、中胸、后胸3节，腹部又有3～12节的分别。

蝉

外骨骼与翅膀

我们常看到的蚂蚱、蝈蝈、蝴蝶、蜻蜓都有一个共同的特征，即身体的上部摸上去硬硬的，像是罩着一层外壳。这就对了，这层外壳就是昆虫成虫的"外骨骼"。和有些生物不同，昆虫的体内没有骨骼，全靠"外骨骼"来支撑自身。

蛾

大多数昆虫成虫的胸部都长着两对翅膀。只剩一对的种类也存在，我们常见的蚊子、苍蝇就属于这一类。有个别种类的昆虫翅膀已完全退化了，如跳蚤、虱子。

脚与触角

昆虫的成虫一定长有3对脚，而这3对脚分别长在前胸、中胸和后胸上。脚的数量既不会增多，也不会减少，位置一般不会变动。

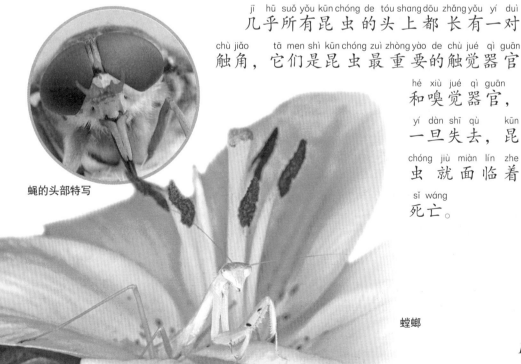

蝇的头部特写

几乎所有昆虫的头上都长有一对触角，它们是昆虫最重要的触觉器官和嗅觉器官，一旦失去，昆虫就面临着死亡。

螳螂

蝉——高音歌唱家

夏季时，我们常听到"知了""知了"的虫鸣声，这种被我们称为"知了"的昆虫的学名叫作蝉。

🐾 破土而生的动物

蝉的幼虫——"蛹"的人生是从地下开始的，它们会在地下生活至少两年，有的甚至十几年。在这段时间里，它们靠吸食树根的汁液为生，以积蓄自身的力量。当它们觉得储存的能量已经足够的时候，就会凭着生存的本能破土而出。

蝉蜕

🐾 蝉都会叫吗

蝉被称为"昆虫音乐家""大自然的歌手"，可见它那响亮而独具特色的叫声多么深入人心。但所有的歌者都是雄性，这是因为雄蝉的肚皮上有两个名叫"音盖"的小圆片，它们相当于人类使用的喇叭，可以将声音扩大。在音盖的内侧有一层透明的薄膜，这薄膜就是声音的来源，我们称其为"瓣膜"。当声音透过音盖这个大喇叭传出时，声音就变得高亢而洪亮了。而雌蝉的肚皮上没有音盖和瓣膜，所以雌蝉是名副其实的"哑巴"蝉。

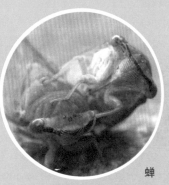
蝉

长寿秘诀——补水大法

　　蝉的嘴是一根细长的硬管，这根管一天到晚都插在树干之中，不断地将树的营养与水分输送到蝉的体内。这是蝉用来延长寿命的秘诀。长寿如此简单，所以，蝉每天都会高兴地边吸边唱歌呢！

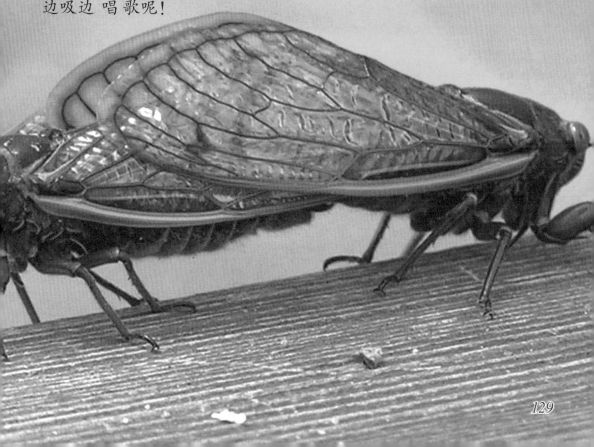

蟋蟀——孤僻的好战者

蟋蟀就是我们俗称的"蛐蛐儿"，全世界的蟋蟀约有 2400 种。它们生性好斗，在很多地方，"斗蟋蟀"是一种盛行的娱乐项目。古时，一些帝王还将征收蟋蟀作为赋税，弄得民不聊生。

出色的"侦察兵"

蟋蟀的前足胫节部位上各有一个听觉器，这可是它们重要的侦察工具。它们在万籁俱寂的夜晚出来活动，在敌人即将捕捉到它们时，这个听觉器会发出警报，蟋蟀就会猛地弹跳起来，逃出危险境地。

孤僻的"好战者"

蟋蟀性格孤僻，喜欢独自生活，互相不能容忍，经常因为一点儿小事而大打出手。尤其是两只雄性，一旦碰到一起，必会咬斗起来，不将一方咬伤，绝不肯罢休，真是不折不扣的"好战者"。

合法的"一夫多妻"制

在蟋蟀的世界里，"自由恋爱"是根本不存在的。想得到雌蟋蟀的青睐，雄蟋蟀就要靠强健的体魄和战斗的能力。哪只雄蟋蟀勇猛无比，最善于打斗，能战败其他同性，它就会受到雌蟋蟀的喜爱，也就获得了对雌蟋蟀的占有权，这符合优胜劣汰的自然法则。

笼子里的蟋蟀

蟋蟀

131

螳螂——凶猛的刀客
táng láng　　　　xiōng měng de dāo kè

螳螂是一种较大的昆虫，它们身体颀长，披着绿色、褐色或带有花斑的长外衣，经常出没于植物丛中捕捉害虫，因此是一种益虫。

经常"耍大刀"
jīng cháng shuǎ dà dāo

螳螂的取食范围极其广泛，无论是天上飞的还是地上跳的，甚至水中游的，只要是身形小于自己的昆虫，它们基本上都全单接收，有时连蜂鸟也不放过。它们常在农田或林区捕食害虫，令许多害虫闻风丧胆。

另外，螳螂只吃活虫，捕食时会用有刺的大刀——前足牢牢地钳住它的猎物。

凶猛的螳螂幼虫
xiōng měng de táng láng yòu chóng

螳螂是一种很凶猛的昆虫，而它们的幼虫也继承了父母的特点，从小就凶悍无比。

132

měi zhī cí táng láng yí cì yì bān huì chǎn yuē gè luǎn xiǎo táng láng wǎng wǎng tóng shí
每只雌螳螂一次一般会产约200个卵。小螳螂往往同时
fū chū gāng fū chū de táng láng yòu chóng méi yǒu chì bǎng dàn wài xíng hé chéng chóng xiāng
孵出。刚孵出的螳螂幼虫没有翅膀，但外形和成虫相
sì yǒu lèi sì yú chéng chóng de dāo zhuàng qián zhī xiǎo xiǎo de yòu chóng cóng
似，有类似于成虫的刀状前肢。小小的幼虫从
gāng fū chū de nà yí kè qǐ jiù huī wǔ xiǎo dāo yíng xiàng tóng lèi
刚孵出的那一刻起就挥舞"小刀"迎向同类，
xǔ duō bǎ xiǎo dāo pīn shā zài yì qǐ chǎng miàn jí qí cǎn liè
许多把"小刀"拼杀在一起，场面极其惨烈。
táng láng de xiōng cán běn xìng yóu cǐ kě jiàn yì bān
螳螂的凶残本性由此可见一斑。

苔藓螳螂

cí táng láng wèi hé chī diào zhàng fu
雌螳螂为何吃掉丈夫

cí xìng táng láng jìng yǒu chī diào zhàng fu de xí xìng tā
雌性螳螂竟有吃掉丈夫的习性，它
men huì yǎo zhù zhàng fu de tóu jǐng yì kǒu yì kǒu de chī xià
们会咬住丈夫的头颈，一口一口地吃下
qu chī dào jǐn liú xià yì shuāng báo báo de chì bǎng tā men
去，吃到仅留下一双薄薄的翅膀。它们
wèi hé rú cǐ cán rěn ne dà duō shù zhuān jiā dōu rèn wéi
为何如此残忍呢？大多数专家都认为，
cí táng láng chǎn luǎn shí xū yào hěn duō de yíng yǎng hé jí dà
雌螳螂产卵时需要很多的营养和极大
de néng liàng ér xióng xìng táng láng de shēn tǐ zhèng hǎo kě yǐ
的能量，而雄性螳螂的身体正好可以
bǔ chōng zhè xiē
补充这些。

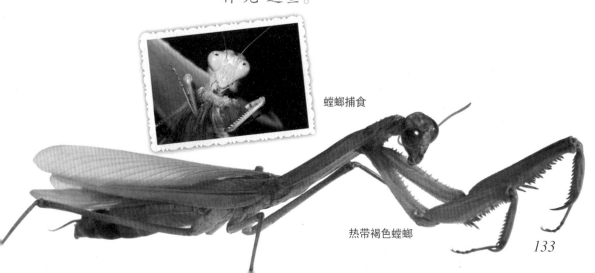

螳螂捕食

热带褐色螳螂

133

qīng tíng —— fēi xíng gāo shǒu
蜻蜓——飞行高手

qīng tíng shì yì chóng　tā men tè bié xǐ huan chī wén zi děng hài chóng　yīn ér
蜻蜓是益虫，它们特别喜欢吃蚊子等害虫，因而

shēn shòu rén men de xǐ ài
深受人们的喜爱。

fēi xíng zhī wáng
飞行之王

qīng tíng de fù bù xì cháng　liǎng duì chì bǎng báo ér tòu míng　tóu jǐng xiǎn de qīng yíng líng
蜻蜓的腹部细长，两对翅膀薄而透明，头颈显得轻盈灵

qiǎo　fēi cháng shì hé fēi xíng　tā men měi miǎo zhōng kě fēi　　mǐ　jì kě tū rán huí zhuǎn
巧，非常适合飞行。它们每秒钟可飞10米，既可突然回转，

yòu kě zhí rù yún xiāo　yǒu shí hái néng hòu tuì fēi xíng
又可直入云霄，有时还能后退飞行。

shǔ bù qīng de yǎn jing
数不清的眼睛

qīng tíng de yǎn jing duō dé shǔ bù qīng　　tā men de yǎn jing yòu dà yòu
蜻蜓的眼睛多得数不清。它们的眼睛又大又

gǔ　　zhàn jù zhe tóu de jué dà bù fen　qiě měi zhī yǎn jing yòu yóu shǔ bù
鼓，占据着头的绝大部分，且每只眼睛又由数不

qīng de　xiǎo yǎn　gòu chéng　zhè xiē　xiǎo yǎn　dōu yǔ gǎn guāng xì bāo hé
清的"小眼"构成，这些"小眼"都与感光细胞和

shén jīng lián zhe　kě yǐ biàn bié wù tǐ de xíng zhuàng hé dà xiǎo　zhè zhǒng
神经连着，可以辨别物体的形状和大小。这种

gòu zào de yǎn jing bèi chēng wéi　　fù yǎn　　qīng tíng de
构造的眼睛被称为"复眼"。蜻蜓的

蜻蜓交配

134

shì lì jí hǎo　　ér qiě hái néng xiàng shàng　xiàng xià
视力极好，而且还能 向上、向下、

xiàng qián　xiàng hòu kàn　　ér bú bì zhuǎn tóu
向前、向后看，而不必转头。

bǔ chóng gāo shǒu
捕虫高手

qīng tíng bù jǐn shì lì jí hǎo　　ér qiě fēi xíng sù dù jí kuài　　tā men jīng cháng xiàn shēn
蜻蜓不仅视力极好，而且飞行速度极快。它们经常现身

yú chí táng huò hé biān　　yì fā xiàn shí wù　　jiù huì yǐ jīng rén de sù dù fēi jìn　　bìng yǐ xùn
于池塘或河边，一发现食物，就会以惊人的速度飞近，并以迅

léi bù jí yǎn ěr zhī shì jiāng fēi chóng bǔ huò　　chú le xiǎo xíng de wén zi　　cāng ying wài　　yǒu
雷不及掩耳之势将飞虫捕获。除了小型的蚊子、苍蝇外，有

de qīng tíng jìng néng bǔ shí bǐ zì jǐ shēn tǐ hái dà de dié lèi hé é lèi　　zhēn kě wèi shì bǔ
的蜻蜓竟能捕食比自己身体还大的蝶类和蛾类，真可谓是捕

chóng gāo shǒu a
虫 高手啊！

DONG WU SHI JIE PIN YIN BAN
动物世界 拼音版 >>>

hú dié　　　　　huá lì de wǔ zhě
蝴蝶——华丽的舞者

极乐鸟翼凤蝶

　　hú dié zhǒng lèi fán duō　　sè cǎi xuàn lì　　shì rén men xǐ huan guān shǎng de duì xiàng
蝴蝶 种 类繁多，色彩绚丽，是人们喜欢 观 赏 的对象。

shì jiè shang yǐ zhī de hú dié yuē yǒu　　　　　zhǒng　　wǒ guó jìng nèi yuē yǒu　　　zhǒng　dà duō shù fēn
世界 上 已知的蝴蝶约有14000 种，我国境内约有1300 种，大多数分

bù zài yún nán　　hǎi nán děng dì
布在云南、海南 等地。

zuò xī shí jiān yǒu chā yì
🐾 作息时间有差异

　　hú dié bāo kuò yè fú zhòu chū hé zhòu fú yè chū liǎng dà lèi　　bái tiān wài chū huó dòng de hú
蝴蝶包括夜伏昼出和昼伏夜出两大类。白天外出活动的蝴

dié　qí chù xū guāng huá　duān bù xiàng yì gēn qiú bàng　yè jiān chū lai de hú dié　yǒu qiáng
蝶，其触须光滑，端部像一根球棒；夜间出来的蝴蝶，有强

zhuàng ér zhǎng mǎn róng máo de qū tǐ　　yǐ dǐ yù yè jiān de hán lěng
壮 而长 满绒毛的躯体，以抵御夜间的寒冷。

měi lì de chì bǎng
🐾 美丽的翅膀

　　hú dié de chì bǎng zhī suǒ yǐ měi lì dòng rén　yàn lì wú bǐ　quán shì chì bǎng shang nà xiē
蝴蝶的翅膀之所以美丽动人、艳丽无比，全是翅膀 上 那些

xì xiǎo lín piàn de gōng láo　zhè xiē lín piàn bù jǐn néng zǔ chéng gè zhǒng měi lì de tú àn　hái
细小鳞片的功劳。这些鳞片不仅能组成各种美丽的图案，还

néng bǎo hù hú dié　wèi tā men dǎng yǔ　yīn wèi lín piàn zhī zhōng hán yǒu fēng fù de zhī fáng
能 保护蝴蝶，为它们挡雨。因为鳞片之中含有丰富的脂肪，

kě yǐ yù shuǐ bù shī　zhè zhēn shì shì shàng zuì měi lì de yǔ yī le
可以遇水不湿。这真是世上最美丽的雨衣了。

毛虫

136

另类的"自卫"

美丽的蝴蝶有多样的自卫行为。有的蝴蝶被捉时会释放出恶臭，使敌人不得不马上远离；有的蝴蝶受惊时竟能摆出酷似眼镜蛇攻击前的姿势来恐吓敌人。

除了隐藏和伪装作用之外，蝴蝶翅膀上的图案还能起到恐吓的作用。比如有一种叫作"猫头鹰蝶"的蝴蝶，它的翅膀上有巨大的眼状斑纹，可以模仿瞪大眼睛的猫头鹰的脸来恐吓附近的掠食者。

猫头鹰蝶

蝴蝶之最

亚历山大女皇鸟翼凤蝶是世界上最大的蝴蝶，双翅展开达30厘米。这种蝴蝶生活在所罗门群岛和巴布亚新几内亚，爱在树梢上飞来飞去，人们常常需要借助弓箭才能捕捉到它们。小蓝灰蝶是世界上最小的蝴蝶，翅膀展开仅有7毫米，生活在阿富汗。我国西双版纳也有小型灰蝶，翅膀展开只有13毫米。

金凤蝶

137

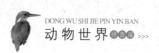
蛾——不怕自焚的"傻瓜"

长喙天蛾

相对于蝴蝶来说，蛾类的色彩比较暗淡，只有少数个体鲜艳美丽。蛾的种类比较多，其中多数是农业害虫。

夜行的使者

夜深时，飞蛾就会披着深色的外衣出来活动了。虽然它们的视力不佳，但它们却有着良好的嗅觉和听觉，即使是在伸手不见五指的环境中，它们依然能够找到准确的路线，到达它们想去的地方。它们就像夜行的使者，与暗夜为伴，给黑夜添上了一抹光彩。

超强的适应力

不论是在巍峨的高山上，还是在隐秘的山谷中；无论是在干燥的荒原上，还是在湿热的雨林中；

长喙天蛾

wú lùn shì zài jì jìng de shān cūn li　　hái shi zài
无论是在寂静的山村里，还是在

rè nao de dū shì zhōng　　wú lùn shì zài hán lěng de gāo
热闹的都市中；无论是在寒冷的高

yuán shang　　hái shi zài kù rè de chì dào biān　　　　nǐ
原上，还是在酷热的赤道边……你

dōu néng kàn dào fēi é de shēn yǐng　　tā men jù yǒu chāo
都能看到飞蛾的身影。它们具有超

qiáng de shì yìng néng lì　　shēng cún yú gè zhǒng huán jìng zhī
强的适应能力，生存于各种环境之

zhōng　　tā men xiàng wú suǒ bú zài de jīng líng　　fēi wǔ zài
中。它们像无所不在的精灵，飞舞在

shì jiè de dà bù fen dì qū
世界的大部分地区。

马达加斯加燕蛾

pū huǒ de　　　shǎ guā
扑火的 "傻瓜"

fēi é pū huǒ　　zì qǔ miè wáng　　　　zài xià tiān de yè wǎn　　wǒ men cháng cháng kàn dào
"飞蛾扑火，自取灭亡。"在夏天的夜晚，我们常常看到

fēi é shān dòng zhe chì bǎng　　kuài sù yí dòng zhe xiǎo xiǎo de shēn tǐ　　háo bù yóu yù de pū xiàng
飞蛾扇动着翅膀，快速移动着小小的身体，毫不犹豫地扑向

nà míng liàng yòu zhuó rè de huǒ guāng　　tā men de wú suǒ wèi jù qí shí zhǐ shì chū yú qū guāng de
那明亮又灼热的火光。它们的无所畏惧其实只是出于趋光的

běn néng
本能。

飞蛾

蜂——优秀的酿造者
fēng　　　yōu xiù de niàng zào zhě

cháng jiàn de fēng yǒu mì fēng huáng fēng　　yè fēng xióng fēng děng　　tā men
常见的蜂有蜜蜂、黄蜂、叶蜂、熊蜂等，它们

zhǎng yǒu dú cì　　duō shàn zhù cháo　duō ài chī huā mì　　yǒu de ài chī ròu
长有毒刺，多善筑巢，多爱吃花蜜，有的爱吃肉。

勤劳善良的蜜蜂
qín láo shàn liáng de mì fēng

mì fēng shì yì zhǒng zuì qín láo yě zuì máng lù de kūn
蜜蜂是一种最勤劳也最忙碌的昆

chóng　　tā men yǐ zhí wù de huā fěn hé huā mì wéi shí　　　zú
虫。它们以植物的花粉和花蜜为食，足

huò fù bù zhǎng yǒu yóu cháng máo zǔ chéng de cǎi jí huā fěn
或腹部长有由长毛组成的采集花粉

de qì guān
的器官。

mì fēng shì yì zhǒng qún jū de kūn chóng　　měi gè mì fēng qún
蜜蜂是一种群居的昆虫，每个蜜蜂群

蜜蜂

黄蜂

蜂巢内部

体都由蜂王、雄蜂和工蜂3种类型的蜜蜂组成。它们多而不乱，各司其职。工蜂数量最多，专门担任采集蜂蜜、筑巢、照顾蜂王和幼蜂等任务；雄蜂每群约有几十到几百只，任务是与蜂王交尾，使之产下后代；每个群体只有一个蜂王，它的职能是生产后代，并维持整个蜂群的正常生活。

性情暴躁的黄蜂

和勤劳可爱的蜜蜂相比，黄蜂抢夺、猎杀、蜇人，无恶不作。更可怕的是，它们几乎分布于世界各地。黄蜂身体细长，黄褐色或黑黄色相间，头部较大，翅膀短小。雌黄蜂尾端有钩状螫针，螫针中贮存着毒液。当黄蜂遇到攻击或不友善干扰时，会群起攻击。黄蜂的毒液可以让人产生过敏或中毒反应。

蜂巢外部

141

蚂蚁——强壮的大力士

蚂蚁有着极强的生存能力，是世界上抗击自然灾害能力最强的生物，是三大社会昆虫之一，也是昆虫世界中的智慧明星。

分工明确

蚂蚁生活在一个非常有组织的群体中，这个群体有严格的等级和分工：蚁后负责产卵；雄蚁负责与蚁后交配；工蚁负责建筑，照顾蚁后、卵和幼虫等；兵蚁负责保卫蚁群。

牺牲精神

曾有人亲眼见过这样一个场面：蚁穴附近着火了，几米外就是湿润的沼泽，蚁穴与沼泽被火焰隔开了。只见蚂蚁们迅速聚集起来，瞬间形成了一个巨大的黑色"蚂蚁球"，滚过火焰，冲向了沼泽。外层蚂蚁被烧得噼啪作响，但里层蚂蚁安然无恙。外层蚂蚁用自己的牺牲换回了种群的持续繁衍。

蚂蚁为何力气大

在这个世界上，几乎没有人能够举起重量超过自身体重3倍的物体，但小小的蚂蚁却能够举起重量超过它体重100倍左右的物体。它哪里来的这么大力气？原来，在蚂蚁的脚的肌肉里含有一种十分复杂的磷的化合物，这种化合物相当于一种威力极强的"燃料"，能给蚂蚁的肌肉带来强大的动力，使肌肉的工作效率大大提高，因而产生了相当大的力量。

草茎上的大蚂蚁

143

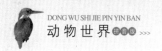
piáo chóng chuān zhe bān diǎn zhuāng de fēi xíng yuán
瓢虫——穿着斑点 装 的飞行员

piáo chóng shì rén men xǐ ài de kūn chóng zhī yī yǒu xǔ duō bù tóng
瓢 虫 是人们喜爱的昆 虫 之一，有许多不同

de zhǒng lèi chéng chóng wéi bàn qiú xíng tā men de tóu xiǎo yán sè
的 种 类。成 虫 为半球形，它们的头小，颜色

bù yī qián chì jiān yìng
不一，前翅坚硬。

bié yàng de cǎi yī
别样的彩衣

piáo chóng de sè cǎi jí wéi xiān yàn bèi shàng tōng
瓢 虫 的色彩极为鲜艳，背上通

cháng yǒu hēi huáng huò hóng sè bān diǎn
常 有黑、黄或红色斑点。

bù tóng zhǒng lèi de piáo chóng cǎi yī shang de bān diǎn shù liàng shì bù tóng de yǒu
不同 种 类的瓢 虫，"彩衣"上的斑点数量是不同的，有

xiē piáo chóng yǒu liǎng gè bān diǎn yǒu xiē yǒu gè yǒu xiē yǒu duō gè yǒu xiē zé
些瓢 虫有两个斑点，有些有7个，有些有20多个，有些则

yí gè yě méi yǒu tōng guò bān diǎn shù liàng wǒ men kě yǐ què dìng tā men shì yì chóng hái
一个也没有。通过斑点数量，我们可以确定它们是益虫，还

shì hài chóng shí yī xīng piáo chóng èr shí bā xīng piáo chóng shì hài chóng èr xīng piáo chóng
是害虫。十一星瓢 虫、二十八星瓢 虫是害虫，二星瓢 虫、

liù xīng piáo chóng qī xīng piáo chóng shí èr
六星瓢 虫、七星瓢 虫、十二

xīng piáo chóng shí sān xīng piáo chóng děng shì yì chóng
星瓢 虫、十三星瓢 虫等是益虫。

shǔ yú yì chóng de piáo chóng bú lùn shì
属于益虫的瓢 虫，不论是

瓢虫

yòu chóng hái shi chéng chóng   dōu chī yá chóng
幼虫还是成虫，都吃蚜虫。

qián shuǐ gāo shǒu
潜水高手

piáo chóng bù jǐn shì fēi xíng néng shǒu   hái shi qián shuǐ gāo
瓢虫不仅是飞行能手，还是潜水高

shǒu   tā men bù jǐn néng zài shuǐ miàn shang yóu yǒng   hái néng qián
手。它们不仅能在水面上游泳，还能潜

rù shuǐ zhōng zì yóu yóu dòng   nà kàn sì bèn zhòng de jiān yìng chì bǎng wán
入水中自由游动，那看似笨重的坚硬翅膀完

瓢虫捕猎

quán bù fáng ài tā men yóu yǒng de zī shì yǔ sù dù   yóu gòu zhī hòu   tā men huì pá dào àn
全不妨碍它们游泳的姿势与速度。游够之后，它们会爬到岸

shang jiāng qiào chì dǎ kāi   děng shài gān hòu jiù yōu zāi yóu zāi de fēi zǒu le
上将鞘翅打开，等晒干后就优哉游哉地飞走了。

cì bí de tǐ yè
刺鼻的体液

wú lùn shì chéng chóng hái shi yòu chóng   piáo chóng zài shòu dào cì jī huò zāo yù wēi xiǎn
无论是成虫还是幼虫，瓢虫在受到刺激或遭遇危险

shí   dōu huì lì kè fēn mì chū yì zhǒng dàn huáng sè de yè tǐ   chéng fèn wéi shēng wù jiǎn
时，都会立刻分泌出一种淡黄色的液体（成分为生物碱）。

zhè zhǒng yè tǐ bìng méi yǒu dú   dàn dài yǒu qiáng liè de cì jī xìng qì wèi   lìng qí tā shēng
这种液体并没有毒，但带有强烈的刺激性气味，令其他生

wù wú fǎ rěn shòu   luò huāng ér táo
物无法忍受，落荒而逃。

苍蝇——细菌传播者

cāng yíng shì wǒ guó de "sì hài" zhī yī，tā men shēng cún lì qiáng，fán zhí liàng dà，zài gè
苍蝇是我国的"四害"之一，它们生存力强，繁殖量大，在各

chù chuán bō jí bìng，dǎ bú jìn，miè bù wán，lìng rén jì yàn fán yòu wú nài
处传播疾病，打不尽，灭不完，令人既厌烦又无奈。

昆虫中的"杂技师"

cāng yíng tǐ xíng cū zhuàng，zhǐ yǒu yí duì kě yùn dòng de chì bǎng，lìng yí duì chì bǎng zé tuì
苍蝇体形粗壮，只有一对可运动的翅膀，另一对翅膀则退

huà chéng yí duì bàng zhuàng de píng héng qì，shǐ cāng yíng néng zài fēi xíng zhōng bǎo chí píng héng。cāng
化成一对棒状的平衡器，使苍蝇能在飞行中保持平衡。苍

yíng de qián jiǎo fù yǒu xī pán，kě yǐ jǐn jǐn xī zhù wù tǐ，zài tiān huā bǎn shang dào xíng shì tā
蝇的前脚附有吸盘，可以紧紧吸住物体，在天花板上倒行是它

de jué jì
的绝技。

喜好肮脏

wú lùn shì zài lā jī diǎn、chòu shuǐ gōu，hái shi zài fèn niào chí，nǐ dōu néng kàn dào
无论是在垃圾点、臭水沟，还是在粪尿池，你都能看到

cāng yíng de shēn yǐng。yuè shì āng zang fā chòu de huán jìng，tā men jù jí de shù liàng jiù yuè
苍蝇的身影。越是肮脏发臭的环境，它们聚集的数量就越

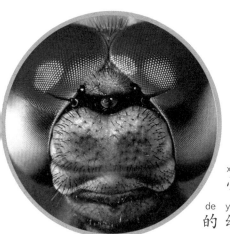

duō zhè bù jǐn yǔ tā men jí qiáng de shì
多。这不仅与它们极强的适

yìng lì yǒu zhe mò dà de guān xi
应力有着莫大的关系，

hái yǔ tā men hòu dài de tè
还与它们后代的特

xìng yǒu guān cāng ying
性有关。苍蝇

de yòu chóng yíng qū xǐ huan
的幼虫蝇蛆喜欢

rén chù fèn biàn fǔ bài de dòng zhí wù lā
人畜粪便、腐败的动植物、垃

jī hé wū shuǐ suǒ yǐ cāng ying cái cháng cháng shēng huó zài zhè yàng de
圾和污水，所以苍蝇才常常生活在这样的

huán jìng zhōng
环境中。

蝇头部特写

chuán bō jí bìng
传播疾病

suǒ yǒu shí wù bì xū jīng cāng ying tǐ nèi de sù náng yè róng jiě zhī hòu cái néng bèi cāng ying
所有食物必须经苍蝇体内的嗉囊液溶解之后，才能被苍蝇

xī rù suǒ yǐ cāng ying chī dōng xi zhī qián bì xū xiān tǔ chū sù náng yè ér cǐ shí cāng ying
吸入，所以苍蝇吃东西之前必须先吐出嗉囊液，而此时，苍蝇

xiāo huà dào zhōng de bìng yuán tǐ huì suí zhī yì tóng bèi tǔ chū jiāng shí wù wū rǎn yīn cǐ rén
消化道中的病原体会随之一同被吐出，将食物污染。因此，人

lèi shí yòng bèi cāng ying wū rǎn guò de shí wù jiù kě néng huì dé bìng
类食用被苍蝇污染过的食物，就可能会得病。

蚊子——防不胜防的"吸血鬼"

蚊子体形虽小，但对人类的影响却极大，经常令我们烦躁不安，无法入睡。

种族庞大

全世界的蚊子大约有几千种，比较常见的可分为3类：一类叫伊蚊，身上有黑白斑纹，因而俗称"花蚊子"；另一类叫按蚊，停息时腹部向上抬起；第三类叫库蚊，常在室内或住宅附近活动。

雌蚊才吸血

蚊子有雌雄之分，一般情况下，它们都喜欢吸食花蜜或植物的汁液。繁殖时期，雌蚊必须吸食血液来促进卵的成熟，进

蚊子

ér fán zhí chū xià yí dài　suǒ yǐ shuō
而繁殖出下一代。所以说，

dīng rén de shì cí wén　ér bú shì xióng wén
叮人的是雌蚊，而不是雄蚊。

huā shì fēi xíng
花式飞行

wén zi yǒu yí duì fā dá
蚊子有一对发达

de qián chì　hòu chì tuì
的前翅，后翅退

huà chéng le bàng zhuàng
化成了棒状

wù tǐ　zhè bìng bù yǐngxiǎng
物体。这并不影响

tā de fēi xíng néng lì　fǎn
它的飞行能力，反

ér huì shǐ tā de píng héng
而会使它的平衡

xìng gèng qiáng　wú lùn shì cè
性更强，无论是侧

fēi　dào fēi　huí xuán
飞、倒飞、回旋，

shèn zhì yú zài kōngzhōng fān jīn dǒu　dōu yí yàng zì rú　zhè zhòng huā shì fēi xíng zhēn
甚至于在空中翻筋斗，都一样自如。这种花式飞行真

jiào qí tā kūn chóng xiàn mù a
叫其他昆虫羡慕啊！

149

DONG WU SHI JIE PIN YIN BAN

动物世界 拼音版 >>>

蜣 螂——除粪高手
qiāng láng　　　　chú fèn gāo shǒu

蜣 螂就是人们所说的屎壳郎。蜣 螂经常会
qiānglángjiù shì rén men suǒ shuō de shǐ ke láng　qiāng láng jīng cháng huì

和粪球一起出现, 这 种 浑 身披着黑褐色盔甲的
hé fèn qiú yì qǐ chū xiàn　zhè zhǒng hún shēn pī zhe hēi hè sè kuī jiǎ de

昆虫是自然界中最勤劳的清洁工。
kūnchóng shì zì rán jiè zhōng zuì qín láo de qīng jié gōng

蜣螂

自然界的清道夫
zì rán jiè de qīng dào fū

蜣 螂的口味很独特, 既不喜欢娇嫩多汁的青
qiāng láng de kǒu wèi hěn dú tè　jì bù xǐ huan jiāo nèn duō zhī de qīng

草, 也不喜欢甘甜的瓜果, 反而喜欢臭烘烘
cǎo　yě bù xǐ huan gān tián de guā guǒ　fǎn ér xǐ huan chòu hōng hōng

的粪便。因为它们经常将动物的粪便吃掉或
de fèn biàn　yīn wèi tā men jīng cháng jiāng dòng wù de fèn biàn chī diào huò

者掩埋, 所以有"自然界清道夫"的美称。它们的
zhě yǎn mái　suǒ yǐ yǒu　zì rán jiè qīng dào fū　de měichēng　tā men de

这一习性, 对肥沃土壤的形 成 有着非常积极的作用。
zhè yì xí xìng　duì féi wò tǔ rǎng de xíngchéng yǒu zhe fēi cháng jī jí de zuò yòng

为什么要滚粪球
wèi shén me yào gǔn fèn qiú

大多数雌蜣 螂在繁殖的时候会将粪球滚成梨子状, 然后把
dà duō shù cí qiāng láng zài fán zhí de shí hou huì jiāng fèn qiú gǔnchéng lí　zi zhuàng　rán hòu bǎ

卵产在其中, 再埋在土壤里。几天之
luǎn chǎn zài qí zhōng　zài mái zài tǔ rǎng lǐ　jǐ tiān zhī

后, 小蜣螂就会从埋着粪球的土
hòu　xiǎoqiānglángjiù huì cóngmái zhe fèn qiú de tǔ

壤 中 爬出来。
rǎng zhōng pá chū lai

150

锹甲虫——神勇的斗士
qiāo jiǎ chóng   shén yǒng de dòu shì

锹甲虫又叫"锹形甲"，因雄性头部长有两只大"角"而得名。

锹甲虫的卵是如何长大的

雌性锹甲虫会把卵产在腐烂的木头上或树桩的根部。孵化出的幼虫会以腐朽的木屑为食。令人惊奇的是，幼虫会将自己咀嚼过的木纤维筑成类似于屋室的小空间，自己在内化蛹。这一变化过程是极其漫长的，一般要经历3年的时光。蛹最后会破裂，幼年的锹甲虫就诞生了。

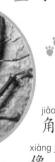

锹甲虫

"大角"的作用

锹甲虫的"大角"其实是形状像角的颚。有的锹甲虫的颚长达两厘米，它是雄性锹甲虫战斗时必用的有力武器。

正在格斗的锹甲虫

151

金龟子——表里不一的害虫

金龟子的外壳坚硬而光滑，有的甚至还有着金属般的光泽，在阳光的照射下闪闪发光，"金龟子"便因此而来。

🐾 常常装死

一旦受到惊吓或遇到危险，金龟子会马上落地装死，即使你用小棍不停地拨动它，它也会一动不动。

🐾 成虫与幼虫

成年的金龟子因其种类不同，饮食习性也各不相同。有的爱吃植物的根茎，有的爱吃腐烂的有机物，真是"萝卜青菜各有所爱"啊！

刚孵化出的金龟子幼虫多为乳白色，身体常常弯曲着，呈马蹄状；后背颜色较暗，上面有横纹；尾部长着许多像刺一样的毛。金龟子的幼虫多生活在土壤中。

金龟子的幼虫

152

zhāng láng
蟑 螂——掉了脑袋也能活
diào le nǎo dai yě néng huó

zhāng láng shì rén men zuì tǎo yàn de kūn chóng zhī yī　　 zài wū nèi
蟑 螂是人们最讨厌的昆 虫之一，在屋内

huò shì wài　 cháng kě jiàn dào qí shēn yǐng　　 yīn wèi tā men shēng mìng lì
或室外，常可见到其身影。因为它们 生 命力

jí qiáng　　 rén men sòng gěi tā
极强，人们送给它

men yí gè wài hào　　　 xiǎo qiáng
们一个外号——小强。

wú suǒ bù chī　　 wú chù bú zài
🐾 无所不吃，无处不在

zhāng láng cóng bù tiāo shí　　 shén
蟑 螂从不挑食，什

me zhǐ zhāng　 máo fà　　 shí wù　　 yī wù　　 mù tou　 shéng zi　　 jiàng hú　　 pí gé　 diàn
么纸张、毛发、食物、衣物、木头、绳子、糨糊、皮革、电

xiàn　　　　 fán shì nǐ jiào de shàng míng zi huò jiào bú shàng míng zi de wù pǐn dōu huì chéng wéi tā de
线……凡是你叫得上名字或叫不上名字的物品都会成为它的

shí wù　　 tā jiù shì zhè me gè wú suǒ bù chī de jiā huo
食物，它就是这么个无所不吃的家伙。

shēn xíng xiǎo qiǎo de zhāng láng cóng bù tiāo zhù chù　　 tā men sì chù wéi jiā　　 chú fáng de jiǎo
身形小巧的蟑 螂从不挑住处，它们四处为家。厨房的角

luò　　 wǎn chú de fèng xì　　 dì bǎn de kǒng dòng　　 cè
落、碗橱的缝隙、地板的孔洞、厕

suǒ　　 cāng kù　　 shù dòng　 xià shui dào
所、仓库、树洞、下水道……

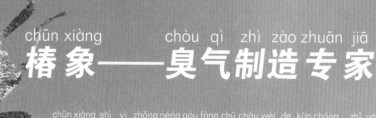

椿象——臭气制造专家

chòu qì zhì zào zhuān jiā

chūn xiàng shì yì zhǒng néng gòu fàng chū chòu wèi de kūn chóng zhǐ yào
椿象是一种能够放出臭味的昆虫,只要

bèi pèng dào jiù huì shì fàng chū nán wén de qì tǐ tā men yǒu wàn duō
被碰到,就会释放出难闻的气体。它们有3万多

zhǒng tǐ xíng yóu xiǎo dào dà bù děng dà duō shù shì nóng yè hài chóng
种,体形由小到大不等,大多数是农业害虫。

椿象的特点

chūnxiàng de tè diǎn

shēng huó zhōng cháng jiàn de chūn xiàng tǐ cháng lí mǐ tǐ sè tōng cháng wéi hēi
生活中常见的椿象,体长1.7～2.5厘米,体色通常为黑

hè sè dàn shì shēn tǐ shang huì yǒu yì xiē chéng huáng sè huò chéng hè sè de bān wén fù miàn yǒu
褐色,但是身体上会有一些橙黄色或橙褐色的斑纹,腹面有

xǔ duō huáng sè bān diǎn chūn xiàng de hòu jiǎo tè bié fā dá jìng jié jī bàn duàn chéng biǎn píng de
许多黄色斑点。椿象的后脚特别发达,胫节基半段呈扁平的

叶片状。它们具有一个很发达的刺吸式口器。在吃东西时，它们都是使用这个如吸管般的尖尖的口器穿透植物表皮而吸取汁液。

"臭"名远扬

椿象为什么特别臭呢？原来它们身上有一种特殊的臭腺，臭腺的开口在其胸部，位于后胸腹面，靠近中足基节处。当它受到惊扰时，体内的臭腺就能分泌出挥发性的臭虫酸来，臭虫酸经臭腺孔弥漫到空气中，使四周臭不可闻。

农业的大敌

椿象的名声不好，并不仅仅是因为它们臭，还因为它们中90%以上是会危害农作物和森林的害虫。

蜉蝣——寿命最短的昆虫

蜉蝣目昆虫通称蜉蝣，它们具有古老而特殊的体形结构，是最原始的有翅昆虫。

漫长的稚虫期

每到春夏两季，从午后至傍晚，常有成群的雄虫进行"婚飞"。这时，雌虫会独自飞入雄虫群中与自己的"意中人"进行配对。配对成功后，它们会将卵产在水中。刚出生的稚虫还没长出帮它们在水中进行呼吸的气管鳃，这段时间只能靠皮肤吸取水中的氧气生活。稚虫蜕过一次皮，长到二龄时，身体的两边便生出鱼鳞状的气管鳃，开始进行正常的取食游泳活动。蜉蝣的稚虫期很长，通常是数月到1年，甚至1年以上的时间，这个阶段它们会蜕皮20~24次，有的甚至可达40次。

扁平型 VS 鱼型

但蜉蝣的稚虫有两种比较特化的体制：扁平型和鱼型。

扁平型通常以

扁蜉科稚虫为代表，它们身体的宽度远大于身体背腹的厚度。胸部的脚一般较为宽扁，并且一般只能前后运动，而不能上下运动。稚虫尾丝上的毛有的为环状，也有的松散地生长着。在自然状态下，扁平型的蜉蝣稚虫不会游泳。

而鱼型的蜉蝣稚虫以短丝蜉科、等蜉科以及部分四节蜉科稚虫为代表。这类蜉蝣的虫体背腹厚度大于虫体的宽度。运动时的体态就像一条小鱼一样，它们的身体呈流线型，脚一般比较长，中尾丝的两侧和尾须的内侧生长着细毛，相邻的细毛交错成网状，使尾丝具有桨的作用。鱼型的蜉蝣稚虫可以用胸足自由地抓握水中的底质或水生植物，所以游泳的速度非常快。

短暂的成虫期

蜉蝣的稚虫充分成长后，就会浮升到水面，或者爬到水边石块或植物的茎上，日落后就会羽化为亚成虫。亚成虫离开水以后，会停留在水域附近的植物上，一般经过24小时左右就会蜕皮为成虫。

niǎo lèi
鸟类

4
第四章

鸟的特征
niǎo de tè zhēng

鸟是一种全身披有羽毛、体温恒定、大多可适应飞翔生活的卵生脊椎动物。

外形与皮肤
wài xíng yǔ pí fū

为了适应飞翔的生活，减少飞行时的阻力，鸟类的身体都呈流线型，皮肤薄而有韧性，上面长着羽毛。除了能帮助鸟类飞翔外，羽毛还有护体和保温的作用。根据构造和功能的差别，可将羽毛分为正羽、绒羽和纤羽3种。

身体特征
shēn tǐ tè zhēng

鸟类的骨骼中空，充满空气，因此鸟骨坚固又轻便。鸟的胸肌发达，对维持飞行时的平衡有重要作用。

niǎo de shí dào xì cháng　wèi jī fā dá　xiāo huà néng lì jí qiáng　yīn cǐ tā men kě yǐ
鸟的食道细长，胃肌发达，消化能力极强，因此它们可以

hěn kuài de xī shōu shí wù zhōng de yíng yǎng　bìng pái xiè fèi wù　yǐ jiǎn qīng tǐ zhòng　tā men jī
很快地吸收食物中的营养，并排泄废物，以减轻体重。它们几

hū dōu méi yǒu páng guāng　niào yě huì suí fèn biàn yì qǐ pái chū
乎都没有膀胱，尿也会随粪便一起排出。

xi xing yǔ fēn lèi
习性与分类

niǎo lèi kě yǐ chǎn xià yìng ké luǎn　bìng yǒu yí xì liè fū huà hé yǎng yù chú niǎo de tè shū xíng
鸟类可以产下硬壳卵，并有一系列孵化和养育雏鸟的特殊行

wéi　bù fen niǎo lèi wèi le shì yìng shēng cún de xū yào　hái yǒu jì jié xìng qiān xǐ de xí guàn
为。部分鸟类为了适应生存的需要，还有季节性迁徙的习惯。

dà duō shù niǎo lèi dōu shì zài bái tiān huó dòng　yě yǒu shǎo shù niǎo lèi zài huáng hūn huò zhě yè
大多数鸟类都是在白天活动，也有少数鸟类在黄昏或者夜

jiān huó dòng　tā men de shí wù duō zhǒng duō yàng　bāo kuò huā mì　zhǒng zi　kūn chóng　yú
间活动。它们的食物多种多样，包括花蜜、种子、昆虫、鱼、

fǔ ròu děng
腐肉等。

niǎo de fēn lèi fāng fǎ hěn duō　yì bān jiāng qí fēn wéi zǒu
鸟的分类方法很多，一般将其分为走

qín　yóu qín　shè qín　lù qín　měng qín　pān qín
禽、游禽、涉禽、陆禽、猛禽、攀禽、

míng qín děng
鸣禽等。

niǎo de cháo xué
鸟的巢穴

niǎo de cháo xué qiān qí bǎi guài　yǒu de jiàn zài shù zhī
鸟的巢穴千奇百怪：有的建在树枝

shang　cǎo cóng zhōng　yǒu de jiàn zài shù dòng　tǔ dòng　luàn shí duī zhōng
上、草丛中，有的建在树洞、土洞、乱石堆中。

yǒu de niǎo dān dú jiàn cháo　yǒu de niǎo jí tǐ hé zuò　jí zhōng zài yí chù
有的鸟单独建巢；有的鸟集体合作，集中在一处

jiàn cháo fū luǎn
建巢孵卵……

161

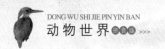

鸵鸟——最大的鸟

鸵鸟是世界上现存最大的鸟，身高可达3米，光秃秃的长脖子上托着个小小的头，它们的嗅觉和听觉都很灵敏。

鸵鸟"幼儿园"

大多鸵鸟都群居。它们的蛋是世界上最大的蛋，重量可达1.5千克，外表圆润光滑，颜色为乳白色，且有光泽。雏鸟由父母共同抚养。小雏鸟从小就像小朋友一样生活在鸵鸟"幼儿园"里，由一至两名"老师"看守。

鸵鸟蛋

胆子小，本领大

鸵鸟的胆子很小，对周围的环境时刻保持警惕，一旦发现敌情，就会撒腿而逃。鸵鸟不会飞，但是它们的后肢很发达，非常擅长奔跑、跳跃，一步可跨8米，时速可达70千米，所跳高度可达3.5米。一旦逃不掉，鸵鸟会抬起它们强而有力的双腿踢敌人。

有效率的采食者

沙漠中的食物稀少而分散，为了填饱肚子，鸵鸟锻炼成了相当有效率的采食者，这都要归功于它们开阔的步伐、长而灵活的脖子以及准确的啄食。鸵鸟啄食时，先将食物聚集于食道上方，使之形成一个食球后，再缓慢地经过颈部食道将其吞下。由于鸵鸟啄食时必须将头部低下，很容易遭受掠食者的攻击，所以它们在啄食的过程中会不时地抬起头来四处张望。

163

企鹅——优雅的绅士
qǐ é yōu yǎ de shēn shì

企鹅身体肥胖，生活在寒冷的南极。目前已知的企鹅共有18种，有王企鹅、帝企鹅、阿德里企鹅、帽带企鹅、黄眼企鹅、白鳍企鹅等。

🐾 结构独特
jié gòu dú tè

企鹅羽毛密度比同一体形的鸟类大 3~4 倍，这些羽毛的作用是调节体温。企鹅双脚的骨骼坚硬，翼很短，这些使它们可以在水底"飞行"。双眼由于有平坦的眼角膜，所以企鹅可在水底看东西。

🐾 最不像鸟的鸟
zuì bú xiàng niǎo de niǎo

在所有的鸟中，企鹅是长得最不像鸟的鸟。企鹅走起路来

十分滑稽，简直就像老年绅士。企鹅的生活方式和大多数鸟有着明显的区别：既不能在天上飞，也不能在地上奔跑。

企鹅性情憨厚，十分可爱。当人们靠近它们时，它们并不惊慌逃跑：有时若无其事；有时羞羞答答，不知所措；有时又东张西望，交头接耳。

潜水高手

企鹅是鸟类中最出色的潜水员，到了水里，企鹅变得异常灵活。它的翅膀变成了桨，脚也变成了尾鳍。靠着流线型的体形，它在水里来去自如。不过，企鹅毕竟不是鱼，和别的鸟一样，它也要呼吸空气。企鹅无法一直待在水中，不过可以在水下一口气待20分钟。

tiān é —— jiān zhēn ài qíng de kǎi mó
天鹅——坚贞爱情的楷模

天鹅是一种大型的游禽，它们在水中游动时神态庄重，飞翔时长颈前伸，徐缓地扇动双翅。在野生环境中，天鹅能活20年，人工豢养可活50年以上。

鸟中贵族

天鹅有7种，4种生活在北半球，羽毛均为白色，脚黑色。疣鼻天鹅是北半球天鹅的代表，飞行能力很强。南半球有黑天鹅、黑颈天鹅和扁嘴天鹅。

由于大多数天鹅羽毛洁白，体态优美，叫声动人，对伴侣忠诚，所以人们不约而同地把白色的天鹅作为纯洁、忠诚、高贵的象征。

高飞能手

天鹅身体很重，为了能够顺利起飞，它们往往要在起飞

天鹅是候鸟

zhī qián zài shuǐ miàn huò dì miàn shang xiàng qián chōng pǎo yí duàn jù lí
之前在水面或地面上向前冲跑一段距离。

yīn wèi yào yuǎn jù lí qiān xǐ suǒ yǐ tiān é de fēi xiáng néng lì jí
因为要远距离迁徙，所以天鹅的飞翔能力极

qiáng fēi xiáng de shí hou tā men de cháng jǐng bǎo chí píng zhí
强。飞翔的时候，它们的长颈保持平直，

wēi wēi shàng yáng shuāng yì yōu yǎ de shān dòng
微微上扬，双翼优雅地扇动。

dào dé de kǎi mó
🐾 道德的楷模

疣鼻天鹅

wú lùn shì wài chū mì shí hái shi xiū xi tiān é dōu huì chéng shuāng chéng duì
无论是外出觅食还是休息，天鹅都会成双成对

de zài yì qǐ yǒu shí xióng tiān é hái huì tì cí tiān é jìn xíng fū huà gōng zuò
地在一起，有时雄天鹅还会替雌天鹅进行孵化工作。

ruò shì yù dào dí hài xióng tiān é huì lì jí fèn bú gù shēn de pāi da zhe chì bǎng
若是遇到敌害，雄天鹅会立即奋不顾身地拍打着翅膀

shàng qián yíng dí yǒng gǎn de yǔ duì fāng bó dòu rú guǒ tiān é de bàn lǚ bú xìng
上前迎敌，勇敢地与对方搏斗。如果天鹅的伴侣不幸

sǐ wáng tā huì wèi bàn lǚ shǒu jié zhōng shēn dú zì shēng huó jué bú zài zhǎo qí tā
死亡，它会为伴侣"守节"，终身独自生活，绝不再找其他

bàn lǚ
伴侣。

巨嘴鸟——横行霸道的鸟

jù zuǐ niǎo shēn cháng   lí mǐ zuǒ yòu   yǔ máo huá měi   yīn wèi shēng yǒu yì zhāng dà zuǐ   gù

巨嘴鸟 身长70厘米左右，羽毛华美，因为 生 有一 张 大嘴，故

dé míng   jù zuǐ niǎo

得名"巨嘴鸟"。

大嘴名气响当当

jù zuǐ niǎo de zuǐ ba yòu cháng yòu hòu   dà dé chū qí   jìng zhàn le shēn

巨嘴鸟的嘴巴又长又厚，大得出奇，竟占了身

cháng de   cóng zhèng miàn kàn   wǎng wǎng kàn bú dào tā men de shēn tǐ   zhǐ

长 的 1/3。从 正 面 看，往 往 看 不 到 它们 的 身体，只

huì kàn dào yì zhāng xiàng pí sì

会 看 到 一 张 橡 皮 似

de   jiān duān yǒu xiē wān qū de

的、尖 端 有 些 弯曲 的

jù zuǐ   tā men yán sè yàn lì

巨嘴。它们 颜色 艳丽

de zuǐ suī rán shí fēn jù dà

的嘴虽然十分巨大，

dàn zhòng liàng què fēi cháng qīng

但 重 量 却 非 常 轻，

hái bù zú   kè   zhè shì yīn

还不足30克。这是因

wèi tā men zuǐ de gòu zào hěn tè

为它们嘴的构造很特

别，中间布满了海绵状体，外面有一层薄薄的角质覆盖着，因此既坚硬又轻巧。

叫声难以入耳

很多人都认为鸟类的叫声应该是婉转动听的，但是巨嘴鸟的声音却完全不是如此。它们的声音不仅不悦耳，甚至很难听。有的声音类似于蛙叫，有的声音就像狗吠，有的声音像人在咕哝低语，有的声音像闹钟的嘀嗒声……

懒惰霸道

有的巨嘴鸟非常懒惰，不愿自己付出劳动，建筑巢穴。一有时间，它们就自由自在地追逐游玩，边飞行边寻找巢穴，如果找到了天然的洞穴或啄木鸟等鸟类的弃巢，它们就会万分高兴，欣喜地乔迁新居，在那里繁衍后代。

kǒng què
孔雀——鸟类中的模特
niǎo lèi zhōng de mó tè

kǒng què shì shì jiè shang zuì měi lì de niǎo lèi
孔雀是世界上最美丽的鸟类

zhī yī   yě shì jí xiáng shàn liáng   měi lì   huá
之一，也是吉祥、善良、美丽、华

guì de xiàng zhēng shēn shòu rén men de xǐ ài
贵的象征，深受人们的喜爱。

jiā zú chéng yuán
家族成员

kǒng què shì shì jiè zhù míng de guān shǎng niǎo
孔雀是世界著名的观赏鸟，

zhǔ yào yǒu   zhǒng shēng huó zài wǒ guó yún nán nán bù
主要有3种：生活在我国云南南部

hé dōng nán yà děng dì de lǜ kǒng què   shēng huó zài
和东南亚等地的绿孔雀，生活在

yìn dù hé sī lǐ lán kǎ děng dì de lán kǒng què   yǐ
印度和斯里兰卡等地的蓝孔雀，以

jí yóu lán kǒng què biàn yì ér chéng de shù liàng xī shǎo
及由蓝孔雀变异而成的数量稀少

de bái kǒng què
的白孔雀。

měi lì fēi fán
美丽非凡

kǒng què de yǔ máo sè cǎi xuàn làn   yǐ cuì
孔雀的羽毛色彩绚烂，以翠

lǜ liàng lǜ   qīng lán   zǐ hè děng sè wéi zhǔ   bìng dài yǒu jīn shǔ guāng
绿、亮绿、青蓝、紫褐等色为主，并带有金属光

zé   xióng kǒng què tǐ cháng   mǐ zuǒ yòu   bāo kuò cháng dá
泽。雄孔雀体长2.2米左右，包括长达1.5

mǐ de wěi yǔ   wěi shàng fù gài zhe de yǔ máo yán cháng chéng wěi
米的尾羽。尾上覆盖着的羽毛延长成尾

píng   shàng miàn yǒu wǔ sè jīn cuì xiàn de huā wén   kāi píng shí fēi
屏，上面有五色金翠线的花纹，开屏时非

cháng yàn lì
常艳丽。

孔雀为何要开屏

孔雀开屏最多的时节是春季三四月份。开屏时节也是它们的繁殖季节。因为雄孔雀要在雌孔雀面前展示自己的美丽，千方百计博得雌孔雀的"欢心"，所以这种行为是雄孔雀本身生殖腺分泌出的性激素刺激的结果。

鸡的近亲

孔雀属于雉科，和鸡是近亲，因此它们的一些习性与鸡很相似。它们行走时，总是和鸡一样边走边点头，翅膀也和鸡一样不太发达，飞行速度很慢。它们的腿都强健有力，可以小步快走，逃跑时甚至还能大步飞奔。

猫头鹰——最冤屈的鸟

猫头鹰头部宽大，正面的羽毛排列成面盘，使得它们的头部与猫极其相似，故而得名"猫头鹰"。我国常见的种类有雕鸮、鸺鹠、长耳鸮和短耳鸮。不太常见的猫头鹰品种存在于北美，包括雪鸮、鹰鸮、大灰猫头鹰等。

闻名于世的夜猫子

我们常将能熬夜、很晚睡觉的人称为"夜猫子"，而这个夜猫子，最早指的就是猫头鹰。猫头鹰中的绝大多数都是夜行性的。白天它们常常隐匿于树丛、岩洞或屋檐中，很难被人发现。到了晚上，它们却精神百倍，异常活跃。

猫头鹰的视力虽然很好，但是眼睛却不会动。如果猫头鹰想看看四

周，唯一的办法是转头，其脖子能
转270度，而且转得非常快。

🐾 为猫头鹰正名

我国古代民间常把猫头鹰当作不祥之鸟，把它
们当作厄运和死亡的象征。产生这些看法的原因可能是猫头
鹰长相古怪，两眼放光，使人感到惊恐；它们的两耳直立，
令人想起神话中长着双角的怪兽；它们的叫声也比较凄
凉，在黑夜之中听起来更觉得阴森恐怖。正因如此，人们一
见到猫头鹰就本能地产生了一些可怕的联想。猫头鹰就这样
无辜背上了罪名。

很多猫头鹰
住在树洞里

鹤——最优雅的鸟

鹤是一种美丽而优雅的大型鸟类。它们睡眠时常单腿直立,扭颈回首,将头放在背上,或将尖嘴插入羽内。

丹顶鹤

丹顶鹤生活在近水浅滩。它们身披白色羽毛,裸露的头顶呈朱红色,喉、颊和颈部为暗褐色,长而弯曲的黑色飞羽呈弓状,覆盖在白色尾羽上。丹顶鹤性情温和,体态高雅美丽,体长1.2米以上。全世界野生丹顶鹤的总数仅1000多只,我国占一半以上。

白枕鹤

白枕鹤,又名红面鹤、白顶鹤,体长大约1.2米。它们身体的羽毛以灰色居多,胸及颈前的灰色延伸至颈侧,呈狭窄的尖线条状。

丹顶鹤

凤头鹤

黑颈鹤

<ruby>黑<rt>hēi</rt></ruby><ruby>颈<rt>jǐng</rt></ruby><ruby>鹤<rt>hè</rt></ruby>

<ruby>黑<rt>hēi</rt></ruby><ruby>颈<rt>jǐng</rt></ruby><ruby>鹤<rt>hè</rt></ruby><ruby>身<rt>shēn</rt></ruby><ruby>长<rt>cháng</rt></ruby> 1.14~1.19 <ruby>米<rt>mǐ</rt></ruby>，<ruby>体<rt>tǐ</rt></ruby><ruby>重<rt>zhòng</rt></ruby> 3.85~6.1 <ruby>千<rt>qiān</rt></ruby><ruby>克<rt>kè</rt></ruby>，<ruby>全<rt>quán</rt></ruby><ruby>身<rt>shēn</rt></ruby><ruby>灰<rt>huī</rt></ruby><ruby>白<rt>bái</rt></ruby><ruby>色<rt>sè</rt></ruby>，<ruby>颈<rt>jǐng</rt></ruby>、<ruby>腿<rt>tuǐ</rt></ruby><ruby>比<rt>bǐ</rt></ruby><ruby>较<rt>jiào</rt></ruby><ruby>长<rt>cháng</rt></ruby>，<ruby>头<rt>tóu</rt></ruby><ruby>顶<rt>dǐng</rt></ruby><ruby>皮<rt>pí</rt></ruby><ruby>肤<rt>fū</rt></ruby><ruby>血<rt>xuè</rt></ruby><ruby>红<rt>hóng</rt></ruby><ruby>色<rt>sè</rt></ruby>，<ruby>并<rt>bìng</rt></ruby><ruby>布<rt>bù</rt></ruby><ruby>有<rt>yǒu</rt></ruby><ruby>稀<rt>xī</rt></ruby><ruby>疏<rt>shū</rt></ruby><ruby>发<rt>fà</rt></ruby><ruby>状<rt>zhuàng</rt></ruby><ruby>羽<rt>yǔ</rt></ruby>。<ruby>除<rt>chú</rt></ruby><ruby>眼<rt>yǎn</rt></ruby><ruby>后<rt>hòu</rt></ruby><ruby>和<rt>hé</rt></ruby><ruby>眼<rt>yǎn</rt></ruby><ruby>下<rt>xià</rt></ruby><ruby>方<rt>fāng</rt></ruby><ruby>有<rt>yǒu</rt></ruby><ruby>一<rt>yì</rt></ruby><ruby>小<rt>xiǎo</rt></ruby><ruby>块<rt>kuài</rt></ruby><ruby>白<rt>bái</rt></ruby><ruby>色<rt>sè</rt></ruby><ruby>或<rt>huò</rt></ruby><ruby>灰<rt>huī</rt></ruby><ruby>白<rt>bái</rt></ruby><ruby>色<rt>sè</rt></ruby><ruby>斑<rt>bān</rt></ruby><ruby>外<rt>wài</rt></ruby>，<ruby>它<rt>tā</rt></ruby><ruby>们<rt>men</rt></ruby><ruby>头<rt>tóu</rt></ruby><ruby>的<rt>de</rt></ruby><ruby>其<rt>qí</rt></ruby><ruby>余<rt>yú</rt></ruby><ruby>部<rt>bù</rt></ruby><ruby>分<rt>fen</rt></ruby><ruby>和<rt>hé</rt></ruby><ruby>颈<rt>jǐng</rt></ruby><ruby>的<rt>de</rt></ruby><ruby>上<rt>shàng</rt></ruby><ruby>部<rt>bù</rt></ruby>（<ruby>约<rt>yuē</rt></ruby> 2/3）<ruby>为<rt>wéi</rt></ruby><ruby>黑<rt>hēi</rt></ruby><ruby>色<rt>sè</rt></ruby>，<ruby>故<rt>gù</rt></ruby><ruby>称<rt>chēng</rt></ruby>"<ruby>黑<rt>hēi</rt></ruby><ruby>颈<rt>jǐng</rt></ruby><ruby>鹤<rt>hè</rt></ruby>"。

<ruby>白<rt>bái</rt></ruby><ruby>鹤<rt>hè</rt></ruby>

<ruby>白<rt>bái</rt></ruby><ruby>鹤<rt>hè</rt></ruby><ruby>身<rt>shēn</rt></ruby><ruby>长<rt>cháng</rt></ruby><ruby>约<rt>yuē</rt></ruby> 1.3 <ruby>米<rt>mǐ</rt></ruby>，<ruby>体<rt>tǐ</rt></ruby><ruby>重<rt>zhòng</rt></ruby> 5~7.4 <ruby>千<rt>qiān</rt></ruby><ruby>克<rt>kè</rt></ruby>。<ruby>头<rt>tóu</rt></ruby><ruby>的<rt>de</rt></ruby><ruby>前<rt>qián</rt></ruby><ruby>半<rt>bàn</rt></ruby><ruby>部<rt>bù</rt></ruby><ruby>为<rt>wéi</rt></ruby><ruby>红<rt>hóng</rt></ruby><ruby>色<rt>sè</rt></ruby><ruby>裸<rt>luǒ</rt></ruby><ruby>皮<rt>pí</rt></ruby>，<ruby>嘴<rt>zuǐ</rt></ruby><ruby>和<rt>hé</rt></ruby><ruby>脚<rt>jiǎo</rt></ruby><ruby>也<rt>yě</rt></ruby><ruby>呈<rt>chéng</rt></ruby><ruby>红<rt>hóng</rt></ruby><ruby>色<rt>sè</rt></ruby>；<ruby>除<rt>chú</rt></ruby><ruby>初<rt>chū</rt></ruby><ruby>级<rt>jí</rt></ruby><ruby>飞<rt>fēi</rt></ruby><ruby>羽<rt>yǔ</rt></ruby><ruby>为<rt>wéi</rt></ruby><ruby>黑<rt>hēi</rt></ruby><ruby>色<rt>sè</rt></ruby><ruby>之<rt>zhī</rt></ruby><ruby>外<rt>wài</rt></ruby>，<ruby>全<rt>quán</rt></ruby><ruby>身<rt>shēn</rt></ruby><ruby>洁<rt>jié</rt></ruby><ruby>白<rt>bái</rt></ruby>，<ruby>站<rt>zhàn</rt></ruby><ruby>立<rt>lì</rt></ruby><ruby>时<rt>shí</rt></ruby><ruby>其<rt>qí</rt></ruby><ruby>黑<rt>hēi</rt></ruby><ruby>色<rt>sè</rt></ruby><ruby>初<rt>chu</rt></ruby><ruby>级<rt>jí</rt></ruby><ruby>飞<rt>fēi</rt></ruby><ruby>羽<rt>yǔ</rt></ruby><ruby>不<rt>bú</rt></ruby><ruby>易<rt>yì</rt></ruby><ruby>看<rt>kàn</rt></ruby><ruby>见<rt>jiàn</rt></ruby>，<ruby>仅<rt>jǐn</rt></ruby><ruby>在<rt>zài</rt></ruby><ruby>飞<rt>fēi</rt></ruby><ruby>翔<rt>xiáng</rt></ruby><ruby>时<rt>shí</rt></ruby><ruby>黑<rt>hēi</rt></ruby><ruby>色<rt>sè</rt></ruby><ruby>翅<rt>chì</rt></ruby><ruby>端<rt>duān</rt></ruby><ruby>才<rt>cái</rt></ruby><ruby>显<rt>xiǎn</rt></ruby><ruby>露<rt>lù</rt></ruby>。<ruby>白<rt>bái</rt></ruby><ruby>鹤<rt>hè</rt></ruby><ruby>是<rt>shì</rt></ruby><ruby>杂<rt>zá</rt></ruby><ruby>食<rt>shí</rt></ruby><ruby>性<rt>xìng</rt></ruby><ruby>动<rt>dòng</rt></ruby><ruby>物<rt>wù</rt></ruby>，<ruby>主<rt>zhǔ</rt></ruby><ruby>要<rt>yào</rt></ruby><ruby>食<rt>shí</rt></ruby><ruby>物<rt>wù</rt></ruby><ruby>是<rt>shì</rt></ruby><ruby>植<rt>zhí</rt></ruby><ruby>物<rt>wù</rt></ruby><ruby>的<rt>de</rt></ruby><ruby>根<rt>gēn</rt></ruby>、<ruby>地<rt>dì</rt></ruby><ruby>下<rt>xià</rt></ruby><ruby>茎<rt>jīng</rt></ruby>、<ruby>芽<rt>yá</rt></ruby>、<ruby>种<rt>zhǒng</rt></ruby><ruby>子<rt>zi</rt></ruby>、<ruby>浆<rt>jiāng</rt></ruby><ruby>果<rt>guǒ</rt></ruby><ruby>以<rt>yǐ</rt></ruby><ruby>及<rt>jí</rt></ruby><ruby>昆<rt>kūn</rt></ruby><ruby>虫<rt>chóng</rt></ruby>、<ruby>鱼<rt>yú</rt></ruby>、<ruby>蛙<rt>wā</rt></ruby>、<ruby>鼠<rt>shǔ</rt></ruby><ruby>类<rt>lèi</rt></ruby><ruby>等<rt>děng</rt></ruby>。

白枕鹤

白鹤

175

雉——爱走不爱飞的鸟

zhì shì lù qín de yì zhǒng shàn yú xíng zǒu yě kě yǐ fēi xiáng dàn fēi de bù gāo fēi bù jiǔ

雉是陆禽的一种，善于行走，也可以飞翔，但飞得不高，飞不久。

xióng zhì zhǎng de fēi cháng měi lì yǔ máo xiān yàn duó mù wěi ba cháng ér yào yǎn xiāng bǐ zhī xià

雄雉长得非常美丽，羽毛鲜艳夺目，尾巴长而耀眼；相比之下，

cí zhì wài biǎo yào xùn sè duō le tā men shēn qū jiāo xiǎo yǔ máo duō wéi huáng hè sè wěi ba yě duǎn

雌雉外表要逊色多了，它们身躯娇小，羽毛多为黄褐色，尾巴也短

duǎn de

短的。

警惕性高

zhì shǔ yú jí qún xìng dòng wù shì yìng xìng qiáng kàng hán néng lì qiáng tā men de shí liàng hěn

雉属于集群性动物，适应性强，抗寒能力强。它们的食量很

xiǎo xǐ huan chī de shí wù hěn zá kūn chóng xiǎo xíng liǎng qī dòng wù gǔ lèi dòu lèi cǎo

小，喜欢吃的食物很杂，昆虫、小型两栖动物、谷类、豆类、草

zǐ lǜ yè nèn zhī děng dōu shì tā men de

籽、绿叶、嫩枝等都是它们的

měi shí tā men fēi cháng dǎn xiǎo yīn cǐ jǐng

美食。它们非常胆小，因此警

jué xìng fēi cháng gāo zài píng shí de mì shí guò

觉性非常高。在平时的觅食过

chéng zhōng tā men huì shí cháng tái tóu xiàng sì

程中，它们会时常抬头向四

zhōu guān wàng

周观望。

zhì de jiào shēng hěn tè shū yīn mù dì de

雉的叫声很特殊，因目的的

bù tóng huì fā chū bù tóng de jiào shēng

不同会发出不同的叫声。

环颈雉

绿尾虹雉

176

绿头鸭——最常见的野鸭

绿头鸭是一种常见的野鸭，因雄鸭的头颈部披着亮绿色的羽毛而得名。绿头鸭是现在家鸭的祖先之一。

🐾 生活习性

绿头鸭通常栖息于淡水湖畔，也喜欢成群活动于江河、湖泊、水库、海湾和沿海滩涂盐场的芦苇丛中。冬季，它们喜集群生活，多选择在水边沼泽地区的野草丛间活动。

绿头鸭既会游泳，又善飞行。它们每年夏季生活在北方的沼泽地区，产卵育儿，一到秋天，就陆续南飞越冬，第二年春暖花开时又从南方的越冬地返回北方故里。野鸭飞行时成群结队，有时密集的鸭群掠空而过，好似一片乌云遮蔽了天空。

鸬鹚——渔民的好帮手
lú cí　　　　　yú mín de hǎo bāng shou

lú cí shì yì zhǒng shuǐ niǎo　　chú le nán jí hé běi jí dì
鸬鹚是一种水鸟，除了南极和北极地

qū yǐ wài　　jī hū shì jiè gè dì dōu yǒu fēn bù　　lú cí de yàng zi kàn shàng qu hěn xiàng yā zi　dàn
区以外，几乎世界各地都有分布。鸬鹚的样子看上去很像鸭子，但

yǔ máo què shì hēi hè sè de　　bìng qiě yǒu jīn shǔ bān de lán sè guāng zé
羽毛却是黑褐色的，并且有金属般的蓝色光泽。

习性
xí xìng

lú cí shēng xìng bú jù pà rén lèi　　cháng cháng zài yǒu rén chū xiàn de hǎi biān　　hú bīn　dàn
鸬鹚生性不惧怕人类，常常在有人出现的海边、湖滨、淡

shuǐ hé zhōng huó dòng　　tā men de fēi xíng néng lì bìng bú chà　　zhǐ shì hěn shǎo zuò cháng shí jiān de
水河中活动。它们的飞行能力并不差，只是很少作长时间的

fēi xíng　　chú fēi shì jì jié xìng de qiān xǐ　　tā men yì bān bú huì yuǎn lí shuǐ yù　　yīn wèi tā
飞行，除非是季节性的迁徙。它们一般不会远离水域，因为它

men de shí wù jiù zài shuǐ li
们的食物就在水里。

zài nán fāng shuǐ xiāng　　yú mín wài chū bǔ yú shí cháng dài zhe xùn huà hǎo de lú cí　　lú
在南方水乡，渔民外出捕鱼时常带着驯化好的鸬鹚。鸬

cí zhěng qí de zhàn zài chuán tóu　　bó zi shang dōu bèi dài shàng yí gè bó tào　　dāng yú mín fā
鹚整齐地站在船头，脖子上都被戴上一个脖套。当渔民发

xiàn yú shí　　jiù chuī chū yì shēng shào xiǎng
现鱼时，就吹出一声哨响，

lú cí biàn fēn fēn yuè rù shuǐ zhōng bǔ
鸬鹚便纷纷跃入水中捕

yú　　yóu yú dài zhe bó tào　　lú cí
鱼。由于带着脖套，鸬鹚

jí shǐ bǔ dào yú yě wú fǎ tūn yān xià qu tā men zhǐ hǎo diāo zhe
即使捕到鱼，也无法吞咽下去，它们只好叼着
yú fǎn huí chuán biān zhǔ ren bǎ yú duó xià hòu lú cí yòu zài cì
鱼返回船边。主人把鱼夺下后，鸬鹚又再次
xià shuǐ qù bǔ yú
下水去捕鱼。

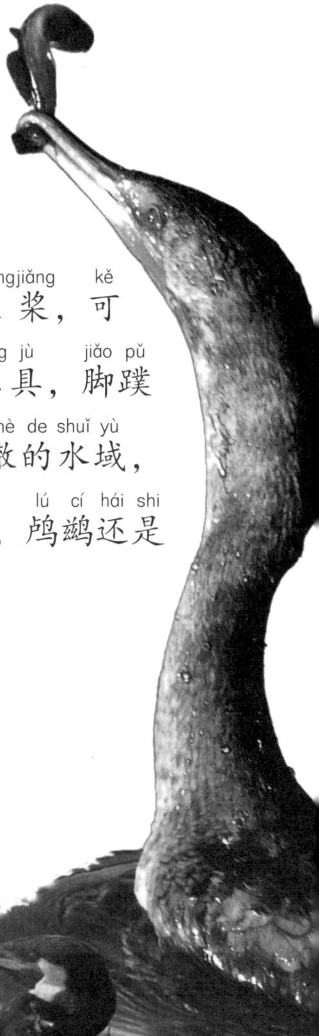

yóu yǒng gāo shǒu
游泳高手

lú cí shì yóu yǒng gāo shǒu tā men de chì bǎng jiù xiàng xiǎo chuán de shuāng jiǎng kě
鸬鹚是游泳高手，它们的翅膀就像小船的双桨，可
yǐ bāng zhù tā men huá shuǐ tā men de jiǎo pǔ hái shi zuì hǎo de yóu yǒng gōng jù jiǎo pǔ
以帮助它们划水；它们的脚蹼还是最好的游泳工具，脚蹼
de shàng xià bǎi dòng kě yǐ tí gāo qí yóu yǒng sù dù yīn cǐ zài qīng chè de shuǐ yù
的上下摆动可以提高其游泳速度。因此，在清澈的水域，
lú cí huì jiǎo pǔ hé chì bǎng bìng yòng yóu yǒng sù dù kuài jí le tóng shí lú cí hái shi
鸬鹚会脚蹼和翅膀并用，游泳速度快极了。同时，鸬鹚还是
qián shuǐ zhuān jiā
潜水专家。

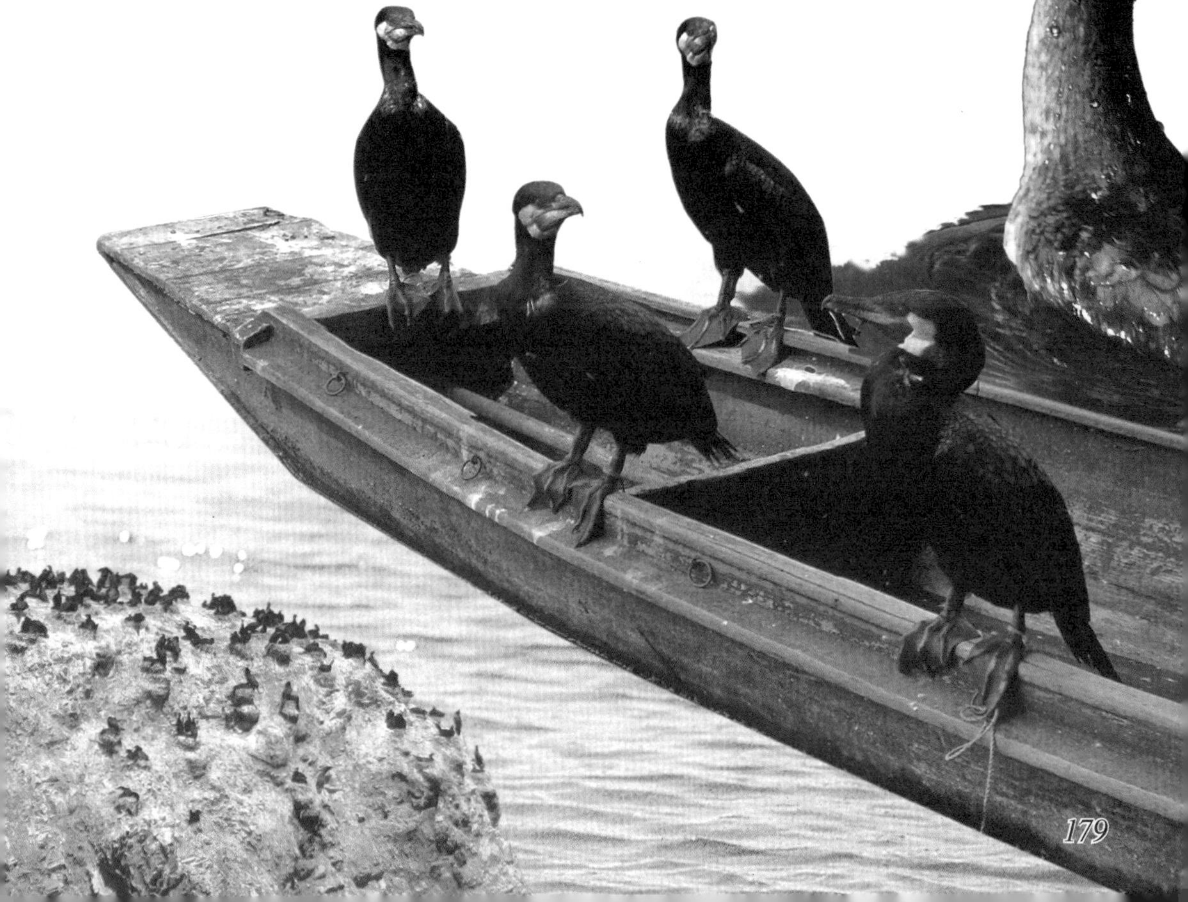

tí hú dà zuǐ ba de bǔ yú gāo shǒu
鹈鹕——大嘴巴的捕鱼高手

褐鹈鹕

tí hú gè tóu hěn dà　　tǐ cháng kě dá liǎng mǐ　　zuǐ hěn cháng　zuǐ xià yǒu gè rú dài zi bān de
鹈鹕个头很大，体长可达两米，嘴很长，嘴下有个如袋子般的

hóu náng　néng zhuāng shí wù
喉囊，能装食物。

bǔ yú gāo shǒu
捕鱼高手

tí hú zài yě wài cháng chéng qún shēng huó　　měi tiān chú le yóu yǒng wài　　dà bù fen shí jiān dōu
鹈鹕在野外常成群生活，每天除了游泳外，大部分时间都

shì zài àn shang shài tài yáng huò nài xīn de shū lǐ yǔ máo　　tā men shàn yú yóu yǒng hé fēi xiáng　mù
是在岸上晒太阳或耐心地梳理羽毛。它们善于游泳和飞翔，目

guāng ruì lì　　jí shǐ zài gāo kōng fēi xiáng shí　　shuǐ zhōng de yú yě táo bú guò tā men de yǎn jing
光锐利，即使在高空飞翔时，水中的鱼也逃不过它们的眼睛。

jìn zhí jìn zé de fù mǔ
尽职尽责的父母

měi dào fán zhí jì jié　　tí hú biàn xuǎn zé zài lú wěi cóng
每到繁殖季节，鹈鹕便选择在芦苇丛

zhōng de qiǎn shuǐ chù huò hú biān ní dì zhù cháo　　yǒu de yě zài shù
中的浅水处或湖边泥地筑巢，有的也在树

shang zhù cháo　　tí hú tōng cháng měi wō chǎn　　　měi luǎn
上筑巢。鹈鹕通常每窝产2~3枚卵，

luǎn wéi bái sè　　dà xiǎo rú tóng é dàn　　xiǎo tí
卵为白色，大小如同鹅蛋。小鹈

hú de fū huà hé fǔ yù rèn wu　　yóu fù mǔ gòng tóng chéng dān
鹕的孵化和抚育任务，由父母共同承担。

白鹈鹕

xiǎo tí hú fū huà chū lai hòu　　tí hú fù mǔ biàn jiāng zì jǐ bàn xiāo
小鹈鹕孵化出来后，鹈鹕父母便将自己半消

鹈鹕捕鱼

180

huà de shí wù tǔ zài cháo xué li　　gōng xiǎo tí hú shí yòng
化的食物吐在巢穴里，供小鹈鹕食用。

xiǎo tí hú zài zhǎng dà yì diǎn shí　　fù mǔ jiù jiāng zì jǐ de
小鹈鹕再长大一点时，父母就将自己的

dà zuǐ zhāng kāi　　ràng xiǎo tí hú jiāng nǎo dai shēn rù tā men de hóu
大嘴张开，让小鹈鹕将脑袋伸入它们的喉

náng qǔ shí
囊取食。

bái tí hú
白鹈鹕

tā men tǐ cháng　　mǐ　　tǐ xíng cū duǎn féi pàng　　jǐng bù xì cháng　　bái tí hú
它们体长 1.4~1.75 米，体形粗短肥胖，颈部细长。白鹈鹕

de zuǐ cháng ér cū zhí　　chéng qiān lán sè　　zuǐ xià yǒu yí gè chéng huáng sè de pí náng　　hēi sè
的嘴长而粗直，呈铅蓝色，嘴下有一个橙黄色的皮囊；黑色

de yǎn jing zài fěn huáng sè de liǎn shang jí wéi xǐng mù　　jiǎo wéi ròu hóng sè
的眼睛在粉黄色的脸上极为醒目；脚为肉红色。

bān zuǐ tí hú
斑嘴鹈鹕

bān zuǐ tí hú tǐ cháng　　mǐ　　tǐ zhòng　　qiān kè　　zuǐ cháng ér kuān
斑嘴鹈鹕体长 1.34~1.56 米，体重 10~12 千克。嘴长而宽

dà　　yǒu lán hēi sè bān diǎn　　shàng huì jiān duān chéng gōu zhuàng　　xià huì jù yǒu fā dá de àn zǐ
大，有蓝黑色斑点，上喙尖端呈钩状，下喙具有发达的暗紫

sè pí zhì hóu náng　　jǐng bù jiào cháng chéng bái sè　　zhěn bù jù yǒu fěn hóng sè yǔ guān　　hòu jǐng
色皮质喉囊。颈部较长，呈白色，枕部具有粉红色羽冠，后颈

bù yǒu yì tiáo fěn hóng sè líng yǔ
部有一条粉红色翎羽。

斑嘴鹈鹕

181

yù fēi de zuì màn de niǎo
鹬——飞得最慢的鸟

yù shì yì zhǒng jiào xiǎo xíng de niǎo lèi　　zuì dà de tǐ zhòng yuē　qiān kè　zuì xiǎo de zhǐ yǒu jǐ
鹬是一种较小型的鸟类，最大的体重约1千克，最小的只有几

shí kè zhòng　yóu yú rén lèi de dà liàng bǔ shā　　yù de shù liàng zhòu jiǎn
十克重。由于人类的大量捕杀，鹬的数量骤减。

shēng huó xí xìng
🐾 生活习性

yù duō zài qiǎn shuǐ biān　shuǐ tián zhōng mì shí　xǐ huan yán
鹬多在浅水边、水田中觅食，喜欢沿

shuǐ biān bēn pǎo　yòng cháng cháng de zuǐ zhuó shí kūn chóng　jiǎ qiào
水边奔跑，用长长的嘴啄食昆虫、甲壳

dòng wù děng　tā men jīng cháng zài zhǎo
动物等。它们经常在沼

zé　hé chuān de cǎo cóng zhōng zhù
泽、河川的草丛中筑

cháo　cí niǎo měi wō chǎn　méi luǎn　luǎn chéng gǎn lǎn huáng sè　biǎo
巢。雌鸟每窝产4枚卵，卵呈橄榄黄色，表

miàn yǒu hēi sè huò hè sè de bān diǎn
面有黑色或褐色的斑点。

yù lèi fēi xíng sù dù màn　dàn néng cháng jù lí fēi xíng　shì
鹬类飞行速度慢，但能长距离飞行，是

zhù míng de hòu niǎo
著名的候鸟。

dú tè de zuǐ
🐾 独特的嘴

xiǎo péng yǒu dōu zhī dao　yù bàng xiāng zhēng　de gù shi　gù shi zhōng de bàng jiāng
小朋友都知道"鹬蚌相争"的故事，故事中的蚌将

yù de zuǐ láo láo de jiā zhù le　　kě jiàn yù de zuǐ duō me xì cháng　yù cháng cháng yòng
鹬的嘴牢牢地夹住了，可见鹬的嘴多么细长。鹬常常用

tā nà xì cháng ér yòu jiān yìng de zuǐ zhuó shí kūn chóng huò qí tā dòng wù
它那细长而又坚硬的嘴啄食昆虫或其他动物。

🐾 转移雏鸟

鹬在繁殖时期更为警惕。雏鸟孵出后，鹬常常小心翼翼地守护在巢内，一旦发生危险，它们就会立刻从巢中飞起，与之同时，它们会用那两条细长的腿紧紧地夹住一只雏鸟，将其转移到另一个安全的地方，之后鹬又会重新飞回巢内，用相同的办法带走巢中另外的雏鸟。这种频繁的转移虽然麻烦，但也使雏鸟免遭了很多不幸。

183

guàn —— bú huì míng jiào de niǎo
鹳——不会鸣叫的鸟

guàn de yǔ máo duō wéi huī bái sè huò hēi sè zuǐ cháng ér zhí xíng sì
鹳 的 羽 毛 多 为 灰 白 色 或 黑 色， 嘴 长 而 直， 形 似

bái hè guàn wú míng guǎn suǒ yǐ wú fǎ fā shēng huò jī hū fā bù chū shēng
白 鹤。 鹳 无 鸣 管， 所 以 无 法 发 声， 或 几 乎 发 不 出 声，

dàn yǒu xiē zhǒng lèi zài xīng fèn shí jī zuǐ zuò shēng
但 有 些 种 类 在 兴 奋 时 击 嘴 作 声。

bái guàn
白鹳

bái guàn shì yì zhǒng jiào dà de hòu niǎo shēn cháng mǐ duō
白 鹳 是 一 种 较 大 的 候 鸟， 身 长 1 米 多，

tuǐ hùi xì cháng chéng zhū
腿、喙 细 长， 呈 朱

hóng sè chú yì de hòu bàn bù fen shì
红 色。 除 翼 的 后 半 部 分 是

hēi sè wài quán shēn dōu chéng chún bái sè bái guàn de
黑 色 外， 全 身 都 呈 纯 白 色。 白 鹳 的

jiā tíng guàn niàn bǐ jiào qiáng yí dàn xuǎn dìng pèi ǒu
家 庭 观 念 比 较 强， 一 旦 选 定 配 偶，

jiù hùi xiāng yī xiāng bàn hǎo duō nián ér qiě měi nián dōu
就 会 相 依 相 伴 好 多 年， 而 且 每 年 都

huí dào tóng yí gè cháo zhōng shēng ér yù nǚ
回 到 同 一 个 巢 中 生 儿 育 女。

白鹳的翅膀长且宽大，在长途飞行时，它们采用拍翅飞行和翱翔相结合的办法。

白鹳

黑鹳

除胸腹部洁白如雪外，黑鹳的羽毛皆为黑褐色。它们长有一张红色的长嘴巴，同白鹳原是一对亲密无间的"堂姐妹"，最初都居住在幽谷密林之中。后来，白鹳在人们的屋顶上安下了舒适的家，而黑鹳却固执地继续居住在人迹罕至的森林中。

黑鹳是滑翔高手，飞行时动作轻快舒展，主要吃沼泽和潮湿之地上的蛙、鱼和甲壳动物。黑鹳是一种观赏性很高的珍禽，已被列为我国国家一级保护动物。

黑鹳

军舰鸟——会飞行的强盗
jūn jiàn niǎo —— huì fēi xíng de qiáng dào

军舰鸟是一种大型海鸟，它们身披黑色的羽毛，双翅展开可达2.3米。军舰鸟的飞行技术十分高超，它们能借助强劲的海风，飞到1200米的高空，也可以连续不停地飞到离鸟巢1600千米远的地方。

最独特的求偶方式

军舰鸟的脖子上都长有一个裸露在外的喉囊，一到繁殖时期，雄鸟的喉囊就会呈现出鲜艳的红色，并且大大地鼓起，以此来吸引雌性军舰鸟的注意。

喉囊的作用

军舰鸟的喉囊不仅用于展示自己、吸引异性，还可以用来贮存食物。每当军舰鸟捕捉到食物或抢夺到大鱼的时候，它们都会在空中马上将猎物吞入，暂时先贮存在喉囊之中，等安全降落之后再慢慢享用。

华丽的表演

军舰鸟胸肌发达，善于飞翔，素有"飞行健将"之称。它们飞行时犹如闪电，捕食时的飞行时速最快可达418千米。军舰鸟特别喜欢在空中做一些其他鸟类无法做出的特技动作，如翻转盘旋、直线俯冲，或在12级狂风中傲然飞行……它们似乎在向其他的鸟类炫耀高超的飞行技巧，也似乎是在进行华丽的表演。无论在何种恶劣的天气里，它们都能自在地起飞，平稳地飞行，安然地降落。这种本领真是令众鸟羡慕啊！它们不愧为飞行界的高手。

hǎi yīng —— hǎi shang de yīng wǔ
海鹦——海上的"鹦鹉"

hǎi yīng zhǔ yào shēng huó zài nuó wēi běi bù de yán hǎi dì qū shēn
海鹦主要生活在挪威北部的沿海地区，身

cháng yuē   lí mǐ   miàn bù yán sè xiān yàn liàng lì   xiàng yōng yǒu duō
长约30厘米，面部颜色鲜艳亮丽，像拥有多

cǎi yǔ máo de yīng wǔ nà yàng měi lì kě ài
彩羽毛的鹦鹉那样美丽可爱。

shēng xìng ài rè nao
🐾 生性爱热闹

hǎi yīng shì yì zhǒng měi lì ér yòu xǐ ài rè nao de hǎi niǎo   zǒng shì chéng qiān shàng wàn de
海鹦是一种美丽而又喜爱热闹的海鸟，总是成千上万地

jù jí zài yì qǐ   tā men zài běi hán dài yán àn dǎo yǔ de qiào bì shang zhù cháo ér jū   xiǎo hǎi
聚集在一起。它们在北寒带沿岸岛屿的峭壁上筑巢而居。小海

yīng zài zhè li kě yǐ dé dào suǒ yǒu zhǎng bèi de bǎo hù   hěn shǎo shòu dào shí ròu niǎo de qīn xí
鹦在这里可以得到所有长辈的保护，很少受到食肉鸟的侵袭。

bǔ yú běn lǐng gāo
🐾 捕鱼本领高

hǎi yīng yōng yǒu xiàng yú yí yàng gāo chāo de qián shuǐ néng lì   néng qián rù shuǐ xià   duō mǐ
海鹦拥有像鱼一样高超的潜水能力，能潜入水下20多米

处捕鱼，一次捕猎十几条鱼，而这些小小的"战利品"都一条一条整齐而密集地排列在它那张三角形的大嘴中。

尾巴用处多

海鹦的尾部有一个能分泌油脂的腺体。它们常常将腺体分泌出的油脂涂抹在羽毛上，这样一方面可以使海鹦在飞行时减少热量的散失；另一方面可以使海鹦在水中穿梭自如。

团结威力大

海鹦喜欢群居，无论是迁徙时还是栖息时，它们总是成群结队，统一行动，用浩荡的声势来显示它们群体的威力。如果其他海鸟恶意入侵，海鹦就会一致发出警告声，随后便纷纷起飞，在空中盘旋成一个巨大的环形，将入侵者圈入其中，使其晕头转向，后悔万分。

189

啄木鸟——森林医生
zhuó mù niǎo　　　　　sēn lín yī shēng

啄木鸟是著名的森林益鸟，它们以在树干中捕
zhuó mù niǎo shì zhù míng de sēn lín yì niǎo　 tā men yǐ zài shù gàn zhōng bǔ

捉虫子和在枯木上凿洞为巢而闻名于世。
zhuō chóng zi hé zài kū mù shàng záo dòng wéi cháo ér wén míng yú shì

森林医生
sēn lín yī shēng

啄木鸟有一张长而坚硬的嘴。每天，它们最常做的动
zhuó mù niǎo yǒu yì zhāng cháng ér jiān yìng de zuǐ　měi tiān　 tā men zuì cháng zuò de dòng

作就是用嘴飞快地敲击树干，根据敲击树干时所发出的声音的
zuò jiù shì yòng zuǐ fēi kuài de qiāo jī shù gàn　 gēn jù qiāo jī shù gàn shí suǒ fā chū de shēng yīn de

不同来判定树皮内昆虫的所在地。确定之后，它们就会立刻
bù tóng lái pàn dìng shù pí nèi kūn chóng de suǒ zài dì　 què dìng zhī hòu　 tā men jiù huì lì kè

用坚硬的嘴飞速地在树皮上啄出一个小洞，并闪电般地伸出
yòng jiān yìng de zuǐ fēi sù de zài shù pí shang zhuó chū yí gè xiǎo dòng　 bìng shǎn diàn bān de shēn chū

长舌头捕到昆虫。它们是天牛幼虫等害虫的克星。不仅如
cháng shé tou bǔ dào kūn chóng　 tā men shì tiān niú yòu chóng děng hài chóng de kè xīng　 bù jǐn rú

此，它们凿木的痕迹还可作为森林卫生采伐的指示，因而它们
cǐ　 tā men záo mù de hén jì hái kě zuò wéi sēn lín wèi shēng cǎi fá de zhǐ shì　 yīn ér tā men

被称为"森林医生"。
bèi chēng wéi　　 sēn lín yī shēng

家族成员

啄木鸟们虽然习性类似，但却因生活的地域不同而分为不同的种类。分布于北美洲西部的橡树啄木鸟，以橡树果为冬天的食物，而且喜欢把食物储存在树洞中；红头啄木鸟体形与橡树啄木鸟相似，稀疏地分布于落基山脉以东的北美洲温带开阔林地、农地和果园；除此之外，还有生活在印度和菲律宾等地的绯红背啄木鸟等。

有的也吃素

多数啄木鸟以昆虫为食，但有些种类更爱吃水果。它们会用长长的嘴在果实上啄出一个小洞，然后贪婪地吸食果实里面的浆液。还有的啄木鸟会在特定的季节吸食某些树的汁液，我们将这类啄木鸟称为"吸汁啄木鸟"。

翠鸟——跳水健将
cuì niǎo tiào shuǐ jiàn jiàng

翠鸟天性孤僻，常独自栖息在近水边的树枝或岩石上，伺机捕食鱼、虾等。翠鸟一般体长约15厘米，是常见的留鸟。

凿洞专家
záo dòng zhuān jiā

每年4~7月，翠鸟会在水边的土崖或堤岸的沙波上掘洞，建造自己的家。翠鸟所掘的洞有时深达2.5米。雌翠鸟挖洞时，雄翠鸟会把鱼送来，它们配合得非常默契。翠鸟的巢室呈球状，直径约16厘米，巢内铺以鱼骨和鱼鳞等物。造完巢后，翠鸟夫妻就开始准备生儿育女。雌鸟每年春夏季节产卵，每窝可产卵5~7枚。

跳水健将
tiào shuǐ jiàn jiàng

翠鸟不善于泅水，但却是杰出的"跳水健将"。

它们常常站在水边的

树枝或者岩石上，静静地注视着水中游动的鱼，一旦看准了目标，就像一颗出膛的子弹一样射入水中。翠鸟潜入水中后，还能保持极佳的视力，因为它们的眼睛进入水中后，能迅速调整在水中由光线造成的视角反差。所以，翠鸟的捕鱼本领高超，几乎是百发百中。当它们捕到鱼后，就像从深水下发射的火箭一样，叼着鱼快速钻出，飞回原来站立的地方。

🐾 家族成员

翠鸟分为水栖翠鸟和林栖翠鸟两大类。

两类翠鸟常采取伏击的方式捕食。水栖翠鸟是捕鱼的高手，除了鱼外，也捕食其他水生动物，是翠鸟中最常见的类群。林栖翠鸟包括笑翠鸟和几种翡翠，捕食各种昆虫和小动物。中国有斑头翠鸟、蓝耳翠鸟和普通翠鸟3种翠鸟。最后一种较常见，分布也广。

蓝翡翠

白头海雕——美国国鸟

bái tóu hǎi diāo —— měi guó guó niǎo

白头海雕因其头部为纯白色而得名。它们外形美丽，性情凶猛，目光敏锐，极善飞行。美国将其定为国鸟。

"鸟王"竞争者

白头海雕是一种体形较大的猛禽，它们体长可达1.2米，一双翅膀展开可以达到2米宽。它们拥有一张呈倒钩状的坚硬的嘴和一双强壮而锐利的爪子。白头海雕的爪子非常强劲，可以用来捕杀猎物。它们的足底粗糙得像砂纸，这有助于它们抓紧那些身体滑腻的猎物，例如鱼或蛇。

眼力极佳

白头海雕的眼力十分惊人。在白天，它们常常在空中盘旋，俯瞰大地。不管飞得多高，它们都能清楚地看到地面、水中，甚至树上的猎物。锁定目标之后，它们就会以迅雷不及掩耳之势飞冲过去，将猎物一举捕获。白头海雕发达的视觉要归功于它们那双大眼睛。白头海雕的眼睛太大了，眼部肌肉几乎没有多少可以活动的空间，因此它们的眼睛没办法转来转去。像许多别的鸟类一样，白头海雕的眼睛长着一层特殊的眼睑，叫作瞬膜。瞬膜能使眼睛保持湿润，避免眼睛受到伤害。

幼雕比成年雕的个头大

白头海雕最奇特的地方是，未成年的雕常常比成年雕的个头还要大。这是由于年幼的雕有着较长的尾羽和翅羽，这样的形态更利于它们熟悉飞行的方法，掌握飞行的技巧。等再大些后，它们长而杂乱的羽毛就会褪去，只剩下那些整齐顺滑的翎羽。

秃鹫——光头清洁工

秃鹫又叫秃鹰、坐山雕。因其会长时间地栖息在高山裸岩上纹丝不动，像一个雕塑一样，故而得名"坐山雕"。成年秃鹫全身棕黑色，头部有褐色绒羽，颈部裸出，呈铅蓝色。

秃鹫

高原上的"清洁工"

秃鹫是高原上的一种大型猛禽，体长约1.2米，两翼张开后，身体大约宽2米。它们常单独活动，但在食物丰富的地方偶尔也聚成小群。

秃鹫的嘴很锋利，而且带钩，可以很容易地撕开坚韧的牛皮。它们主要靠啄食尸体腐肉为生，每天都在为高原清理动物尸体，是不折不扣的"清洁工"呢！

围餐巾的"光头"

大多数秃鹫都是名副其实的光头，脑袋几乎没有毛，这种裸露的头能非常方便地伸进尸体的肚子内啄食内脏。虽然头顶上

光溜溜的，但是它们的脖子下部却长了一圈比较长的羽毛，看起来就像是我们吃饭时候围的餐巾，其实其作用也和餐巾差不多，主要是为了防止啄食尸体时弄脏身上的羽毛。

会变色的脖子

秃鹫的脖子本是铅蓝色的，但是在争抢食物的时候就会变成鲜艳的红色。这种红色其实是在警告其他秃鹫不要靠过来。如果两只秃鹫为了争抢食物而大打出手，失败的那只脖子会变成白色，过一会儿才会恢复成铅蓝色。

鹰——鸟 中 的 千里眼
yīng　　　　niǎo zhōng de qiān lǐ yǎn

yīng shì shēng huó zhōng de qiáng zhě　　tā men cháng cháng zài guǎng kuò
鹰是生活中的强者，它们常常在广阔
de tiān kōng zhōng áo xiáng　　shì cháng jiàn de shí ròu měng qín
的天空中翱翔，是常见的食肉猛禽。

飞行健将
fēi xíng jiàn jiàng

yīng zài fēi xiáng shí　　cháng cháng jiāng shuāng yì bǎo chí shuǐ píng　　yí dòng bu dòng　　zhè yàng
鹰在飞翔时，常常将双翼保持水平，一动不动，这样
jiù néng zhí xiàn fēi xíng hěn cháng de jù lí　　zhè shì yīng zài lì yòng tā de jué jì　　huá xiáng
就能直线飞行很长的距离。这是鹰在利用它的绝技——滑翔。
yīng zài fēi xiáng shí yě yào xiàng qí tā niǎo lèi nà yàng shān dòng chì bǎng　　měi shān dòng yí xià　　dōu
鹰在飞翔时也要像其他鸟类那样扇动翅膀，每扇动一下，都
huì dài dòng zhōu wéi kōng qì jù liè liú dòng　　shǐ qí chǎn shēng jù dà de tuō lì hé chōng lì　　cóng
会带动周围空气剧烈流动，使其产生巨大的托力和冲力，从
ér fēi de gèng kuài　　gèng gāo　　shān dòng chì bǎng hé huá xiáng jiāo tì jìn xíng　　shǐ yīng zhēn zhèng
而飞得更快、更高。扇动翅膀和滑翔交替进行，使鹰真正
chéng wéi yí gè fēi xíng shí jiān jí cháng　　sù dù jí kuài　　dòng zuò mǐn jié de fēi xíng gāo shǒu
成为一个飞行时间极长、速度极快、动作敏捷的飞行高手。

苍鹰

长腿兀鹰

🐾 惊人的视力
jīng rén de shì lì

鹰这一类鸟中没有近视眼，它们个个视力惊人。白天，它们常常在空中盘旋，放眼四顾，有时它们能看清相距很远的小动物的一举一动。

🐾 一直被误解
yī zhí bèi wù jiě

绝大多数的鹰对人类利多害少，但人们仍普遍对之抱有偏见。鹰虽偶然捕食家禽和小型鸟类，但通常以小型哺乳类、昆虫等动物为食。

fēng niǎo —— kōng zhōng zá jì yǎn yuán
蜂鸟——空中杂技演员

蜂鸟的嘴巴又细又长，像一根管子，能伸到花朵里面去吸取花蜜。它们飞行采蜜时能发出"嗡嗡"的响声，与蜜蜂飞行时发出的声音相似，因而被人称为"蜂鸟"。

蜂虎鸟

hé mì fēng chà bu duō dà
和蜜蜂差不多大

蜂鸟大多个头很小，有的和蜜蜂差不多大。蜂鸟虽然很小，但眼睛却大而有神。它们披着一身艳丽的羽毛，有的还长着随风飞舞的长尾巴。不过，并非所有的蜂鸟个头都小，有的种类大如燕子。

jīng rén de jì yì lì
惊人的记忆力

它们不但清楚地知道自己曾采过哪些鲜花的

蜂鸟

蜜，甚至能记住采蜜的大概时间。这样，当蜂鸟又一次出去采蜜的时候，就不会浪费时间去光顾那些已经被它们采过蜜的花朵了。研究人员指出，蜂鸟是唯一一种能准确记住"吃东西的地点和时间"的野生动物。

蜂鸟喂食

空中杂技演员

蜂鸟的翅膀小巧而灵活，羽毛非常轻薄，看起来几乎是透明的。这对翅膀可以以每秒15~80次的频率快速扇动。凭借着翅膀的高速拍打，蜂鸟不仅能够悬停，还能够平移似的向左、向右、向上、向下飞行，甚至还能侧飞和倒退着飞行，真不愧为"空中杂技演员"啊！

蜂鸟特写

黄鹂——鸟中歌唱家

huáng lí yīn xiān huáng de　yǔ máo biàn bù quán shēn ér dé míng　　tā men bù jǐn yán sè yàn lì　　　ér
黄 鹂因鲜 黄 的羽毛遍布全 身而得名。它们不仅颜色艳丽，而

qiě míng shēng yuè ěr
且鸣 声 悦耳。

🐾 鸟中歌唱家
niǎozhōng gē chàng jiā

wǒ men cháng cháng néng tīng dào huáng lí zài shù shang wǎn zhuǎn de　gē chàng　dàn xún shēng wàng
我们 常 常 能听到黄 鹂在树上 婉 转地歌唱，但循声 望

qù shí　　què wú fǎ jiàn dào　　gē shǒu　de zōng yǐng　　zhè shì yīn wèi huáng lí dǎn zi tè bié
去时，却无法见到"歌手"的踪影。这是因为黄鹂胆子特别

xiǎo　wèi le bì miǎn shòu dào jīng xià huò zāo shòu shāng hài　　tā men wǎng wǎng xuǎn zé
小，为了避免受到惊吓或遭受 伤害，它们往 往 选择

yǐn cáng zài mì jí de shù yè hòu　　ér bú shì zhàn zài gāo gāo de shù dǐngshang　yě
隐藏在密集的树叶后，而不是站在高高的树顶上。也

zhèng yīn rú cǐ　　wǒ men cái cháng cháng　bú jiàn qí rén　　dàn wén qí shēng
正 因如此，我们才常 常 "不见其人，但闻其声"。

shì shí shàng huáng lí bìng bú shì měi tiān dōu chàng gē de　　zhǐ yǒu zài
事实上，黄鹂并不是每天都 唱歌的，只有在

yuè zhè duàn shí jiān lǐ　　tā men cái huì chàng chū měi miào duō biàn
4~9月这段时间里，它们才会唱出美妙多变、

fù yǒu yīn yùn de gē qǔ　　nà hóngliàngqīng cuì de jiào shēng yǒu shí xiàng
富有音韵的歌曲。那洪亮清脆的叫声有时像

zài hū huàn rén men　　kuài lái zuò fēi jī　　　yǒu shí yòu xiàng
在呼唤人们："快来坐飞机——"，有时又像

sǎng yīn jiān lì de māo de jiào shēng　　shì shí shang　zhè shì xióng niǎo zài
嗓音尖厉的猫的叫声。事实上，这是雄鸟在

fán zhí qī jiān xī yǐn cí niǎo de　yì zhǒngfāng shì
繁殖期间吸引雌鸟的一种方式。

几维鸟——鸟中胆小鬼

几维鸟又名"鹬鸵"，它们的体形就像个大鸭梨，全身长满了蓬松细密的羽毛，看起来极为可爱。虽然几维鸟的个头与普通的大公鸡差不多，但下的蛋却比一般的鸡蛋大5倍。

鸟类中的胆小鬼

几维鸟单纯又脆弱，特别容易受到惊吓，一个稍大的声响，一个猛然蹿出的身影，一个落到身边的石块……都会令它们心惊胆战，甚至迈不动步。为了避免各种危险的发生，它们选择在安静的夜间出来活动。

灵巧的器官

几维鸟的脑袋上长着一对大大的耳孔，这对奇特的耳孔极其灵敏发达，使得几维鸟能够清楚地知道周围环境的变化，以便早作逃跑或隐藏的准备。

几维鸟与鸸鹋一样，都是大洋洲的特产

几维鸟的鼻子长在嘴的最前端，靠着它，几维鸟可以找到自己爱吃的各种昆虫，哪怕是藏在距地面30厘米的泥土中的小虫。

203

杜鹃——既好又坏的双面鸟

杜鹃是一种典型的巢寄生鸟类。它们通常栖息于植被稠密的地方，但是我们可以经常听到它们的叫声。

无敌大嗓门

杜鹃是一种嗓门极大的鸟。春天到来时，到处可以听到它们的叫声，像是在催促人们不要误了农忙一样。它们的叫声很像"布谷！布谷！"所以杜鹃也被叫作布谷鸟。求偶时，杜鹃的叫声时而清脆、悠扬，悦耳动听；时而低沉、沉闷，令人惆怅、忧伤。

森林卫士

杜鹃虽然育雏的习性不是很好，但它们却是著名的嗜食松毛虫的鸟类。松毛虫是许多鸟类不喜欢吃的害

虫，而杜鹃却偏喜欢这种 虫子的味道。一只杜鹃每天能捕食100多条松毛虫。另外，杜鹃也吃其他农林害虫，所以是名副其实的"森林卫士"。

小杜鹃的"义父母"

杜鹃是典型的巢寄生鸟类，它们不筑巢、不孵卵、不哺育雏鸟，这些工作全由小杜鹃的"义父母"代劳。每当春夏之交时，雌杜鹃在产卵前会用心寻找画眉、苇莺等小鸟的巢穴，等目标选定后，便充分利用自己和鹬形状、大小及体色都相似的特点，从远处飞至。通常，杜鹃会直接在窝里产蛋，而对于太小或是难以钻进去的鸟巢，它们就会先产下蛋，然后用喙小心地把蛋放到鸟窝中。但是，在放自己的蛋之前，杜鹃常常会把巢中其他鸟的蛋吃掉或扔掉一个。虽然杜鹃的体形比一些小鸟大得多，可是它们产的蛋却很小，再加上杜鹃的蛋与巢主鸟的蛋在形状、色彩等方面很相似，所以就可以鱼目混珠了。

鸸鹋——"飞"上国徽的大鸟

鸸鹋也叫澳洲鸵鸟，顾名思义，是澳大利亚特有的一种鸟。它"飞"上了澳大利亚的国徽，和袋鼠做伴，成为澳大利亚国家的象征。

🐾 我不是"鸵鸟"

猛一看，鸸鹋确实和鸵鸟长得有几分相似，但它们只能算是远亲，仔细辨认，其实它们还是有很大区别的。

首先，鸵鸟主要生活在非洲，而鸸鹋生活在澳大利亚。它们要想见面的话，得先跨过整个印度洋。其次，它们的体形不同。鸸鹋的体形比非洲鸵鸟略小一些，所以，它只能位列鸵鸟之后，成为世界上第二大的鸟类。鸸鹋的身高约为1.5~2米，体重约45~60千克，成年雌鸟通常比雄鸟要大一些。再次，它们的羽毛不同。鸸鹋颈部的上半部分没有羽毛，下部分有羽毛，而鸵鸟的整个颈部都是光秃秃的。另外，鸵鸟的雌雄两性差别比较明显，雄性羽毛为黑色，雌性为灰色，而鸸鹋的雌、雄羽毛均为脚灰色。此外，它们的脚趾不同，这也是鸸鹋与鸵鸟最大的区

别：鸵鸟只有两根脚趾，而鸸鹋有三根脚趾。这样一比，你们
觉得谁更漂亮一些呢？

优秀的运动健将

鸸鹋的奔跑速度非常快，可以达到每小时50千米，而跨步距
离可达3米。这也就是说，鸸鹋跨出一步，接近两个成年女性
叠加起来的身高那么长。有意思的是，鸸鹋一旦跑起来，就难以
立即停下来，所以常常会把自己撞晕，令人啼笑皆非。

全身都是宝

其实，鸸鹋的全身都具有很高的利用价值。鸸鹋的肉鲜
嫩，脂肪含量低，据说味道不错；鸸鹋的皮透气性好，韧度
高，是很好的皮革材料；鸸鹋的蛋壳厚，常被用以雕刻工艺
品；至于鸸鹋的毛，因为不易起静电，也受到了人们欢迎！而
最有价值的要数鸸鹋油了，它是非常好的药物，能治疗烧伤、
切口、皮疹和其他皮肤疾病。

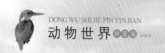

潜鸟——鸟中的潜水运动员
qián niǎo — niǎo zhōng de qián shuǐ yùn dòng yuán

潜鸟是一种大型水栖鸟类。它们通常在北半球的北部筑窝，待到冬天就飞向南方的佛罗里达和地中海地区的海边。

潜水高手
qián shuǐ gāo shǒu

潜鸟几乎全为水栖性，能在水下游很长的距离，并能从水面下潜到45米的深处。正是因为如此，人们才给它们取名为"潜鸟"。那么，潜鸟是如何拥有"鱼"的本领的呢？这是因为潜鸟的腿部粗壮，脚趾上有很大的脚蹼，这使它们在划水时十分有力，并且速度很快。除此之外，潜鸟的脚长在身体的后部，这虽然使它们行走的时候步履蹒跚，就像是在用腹部贴着地面爬行一样，但是这种脚偏向后侧的结构对潜鸟潜水有很大的帮助。

又长又窄的喙

潜鸟的喙又长又窄，看起来很独特。这个长长的喙就像是一个小鱼钩，能够帮助它们轻而易举地捕到鱼。当然，潜鸟也经常用喙做武器来进行自我保护。当遇到危险时，潜鸟会用它们尖利的喙来袭击敌人。不过当它们不想"打架"时，就会直接下沉到水面以下来避免危险。

普通潜鸟

普通潜鸟成年时大约81厘米长。它们拥有黑色光滑的头和颈，以及白色的腹部、喉部。它们的颈部周边都带有白色的条纹，而且背部也带有白色方块图案，背部两侧还有白色斑点做装饰，看起来十分漂亮！普通潜鸟的最大特点就是它们能发出怪异的鸣叫声，这种声音很容易使人联想到人类奇怪的笑声。在北美洲，普通潜鸟可以在跨越加拿大北部和美国北部的地区内筑巢。

209

信天翁——空中的"滑翔机"

信天翁是21种大型海鸟的统称。它们在岸上表现得十分驯顺,因此,许多信天翁又被人们称为"呆鸥"或"笨鸟"。

滑翔本领大

信天翁是个全能选手,它们既能飞翔、游泳,又能在陆地上行走。但是,信天翁最拿手的是"滑翔",它们以毫不费力的飞翔著称于世。在起风时,信天翁能够跟随船只滑翔数小时而几乎不拍一下翅膀,这是因为信天翁有一片特殊的肌腱将伸展的翅膀固定位置。

菜谱很丰富

信天翁是肉食动物,主要以鱼、乌贼、甲壳类动物为食。

210

信天翁不能在空中飞翔时捕获猎物，觉食活动通常都是在水面上进行的。除此之外，信天翁还是出了名的食腐动物，它们经常跟随人类的船只飞来飞去，这是因为它们喜欢吃从船上扔下的废弃物。

绅士的求爱方式

信天翁在求爱时，嘴里不停地发出"咕咕"的歌声，同时非常有绅士风度地向"心上人"不停地弯腰鞠躬，还特别喜欢把喙伸向空中，以便向它们的爱侣展示其优美的曲线。

贼鸥——好吃懒做的空中大盗

贼鸥是典型的海洋鸟类，大部分时间都在海面上度过。它们的体形不大，约重1.5千克。在筑巢期，贼鸥常常会表现出抢夺其他海鸟食物和霸占他人巢穴的特性。

好吃懒做的家伙

尽管贼鸥的长相并不难看，洁净的褐色羽毛，黑得发亮的粗喙，炯炯有神的眼睛，但是它们的品性却很不好。就像它们的名字一样，它们惯于偷盗抢劫，人们把它们称为"空中强盗"，一点儿也不过分。在筑巢期，它们以偷食其他鸟类的卵和幼雏为生；在繁殖期，它们会明目张胆地抢夺其他海鸟捕获的食物。在海洋上空，当海鸥、海雀等其他鸟类带着历尽千辛万苦才捕获的食物按期返回，

zhǔn bèi bǔ yù áo áo dài bǔ de yòu chú shí　zéi ōu jiù huì yíng miàn gǎn

准备哺育嗷嗷待哺的幼雏时，贼鸥就会迎面赶

shàng yòng ruì lì de huì xí jī tā men de bèi bù hé tóu bù　　pò

上，用锐利的喙袭击它们的背部和头部，迫

shǐ tā men tù chū shí wù　rán hòu měi měi de bǎo cān yí dùn

使它们吐出食物，然后美美地饱餐一顿。

qǐ é de dà dí
🐾 企鹅的大敌

zéi ōu shì qǐ é de dà dí　zài qǐ é de fán zhí jì jié　zéi ōu jīng cháng chū qí bú

贼鸥是企鹅的大敌。在企鹅的繁殖季节，贼鸥经常出其不

yì de xí jī tā men de qī xī dì　bìng diāo shí qǐ é de dàn huò zhě xiǎo qǐ é　zài nán jí

意地袭击它们的栖息地，并叼食企鹅的蛋或者小企鹅。在南极

jīng cháng huì shàng yǎn zéi ōu hé qǐ é de dà zhàn　měi cì dōu

经常会上演贼鸥和企鹅的大战，每次都

nào de niǎo fēi dàn dǎ sì lín bù ān rú guǒ

闹得"鸟"飞蛋打，四邻不安。如果

jǐ cì dōu méi yǒu tōu xí chéng gōng　zéi ōu jiù huì

几次都没有偷袭成功，贼鸥就会

zhǎo tóng bàn lái bāng máng tā men huì hé zuò shǐ

找同伴来帮忙。它们会合作，使

yòng diào hǔ lí shān jì 一 zhī zài qián tou yǐn kāi

用调虎离山计：一只在前头引开

qǐ é bà ba huò mā ma lìng yì zhī chèn dà qǐ é bú

企鹅爸爸或妈妈，另一只趁大企鹅不

zài jiāng tā de dàn huò zhě xiǎo qǐ é tōu zǒu

在，将它的蛋或者小企鹅偷走。

知更鸟——美丽驯良的鸟

知更鸟是一种小型鸣禽，有360多种，分布于世界各地。它们体形较小，身长12~15厘米，翼展20~22厘米，体重16~22克，寿命大约15年。

🐾 多彩的羽毛

知更鸟很容易识别，它们自脸部到胸部都是红橙色的，与下腹部的白色形成明显的对比。翅膀和尾巴的上半部是棕绿橄榄色的。鸟喙锥形，喙基暗棕色。它们还长着黑眼睛、细巧的腿和浅棕色爪子。因胸前鲜艳的羽毛，最初被称作"红襟鸟"。幼鸟下体有密集的褐色斑点，直到第一次换羽毛才能长出成鸟的红胸斑。

超强的导航能力

欧洲知更鸟在迁徙的过程中能为自己导航，这是因为它们能够感应到地球磁场。关于知更鸟是如何感知磁场的，目前主要有两种观点。一种观点认为，知更鸟上鸟喙细胞能够感知地球磁场，并通过神经系统将信息传递给大脑；另一种观点认为，知更鸟眼球中的感光细胞能"看"到磁场，并将信息通过另一途径传递给大脑中被称为"N集群"的光处理区域。究竟是怎么回事呢？现在还不得而知。

英国知更鸟

知更鸟中的"红胸鸲"被认为是英国的国鸟，它们驯良而不惧人，常会飞到园丁身边找虫子吃。至于它们在欧洲大陆的近亲，比起它们来便要野性得多了。

215

戴胜——田园卫士

戴胜是吃害虫的益鸟，它们个个身手不凡，在森林、田地间展示着自己高超的捕虫技巧，是农民伯伯们的好帮手，因此被人们赋予"田园卫士"的称号。

漂亮的冠状头羽

头羽是戴胜最具特色的部位，如鸡冠一样长在头顶，长而尖，一般折叠在一起，展开后如折扇，颜色鲜艳，会随着戴胜鸣叫起伏。漂亮的头羽可不是中看不中用的摆设，它还具有警示、展现和示威等功能。在受到惊吓时，戴胜的头羽就会展开，看上去很漂亮，但这却是一种害怕的反应。在与其他同类、异类发生争斗时，戴胜的头羽也会开屏，以此向来犯者示威。

另类别称"臭姑姑"

虽然漂亮的戴胜与高贵的西王母同名，但它们并不"洁身自好"，还被冠上了一个不雅的名

字——臭姑姑，这全是因为它们不爱收拾巢穴。戴胜常常把吃剩的食物和自己的粪便堆在巢穴里，而且从不清理，弄得巢中污秽不堪。此外，它们的尾脂腺能分泌出一种黑褐色的油状液体，气味极其臭。虽然这种气味能使来犯者掩鼻而逃，但也使它们自己的鸟巢臭气熏天。

"田园卫士"名不虚传

作为有名的食虫益鸟，戴胜的适应能力很强，在山地、平原、草地、农田和果园里都能看到它们的身影。它们大量捕食蝗虫、蝼蛄、步行虫和天牛幼虫等小害虫，它们吃掉的农作物害虫数量大约占到其总食量的90%。

huǒ jī —— cān zhuō míng xīng
火鸡——餐桌明星

huǒ jī shì měi guó gǎn ēn jié hé shèng dàn jié cān zhuō shang de bì
火鸡是美国感恩节和圣诞节餐桌上的必

bèi shí wù tā de dì wèi jiù xiàng jiǎo zi zài wǒ guó nián yè fàn shàng de
备食物，它的地位就像饺子在我国年夜饭上的

dì wèi yí yàng huǒ jī de zhēn shí miàn mù dào dǐ shì shén me yàng de ne yì qǐ lái kàn kan ba
地位一样。火鸡的真实面目到底是什么样的呢？一起来看看吧！

huǒ jī dà bù tóng
火鸡大不同

huǒ jī hé wǒ men cháng jiàn de jiā jī dōu shǔ yú zhì kē èr zhě kě wèi shì qīn qi dàn
火鸡和我们常见的家鸡都属于雉科，二者可谓是亲戚，但

cóng tǐ xíng dào máo sè èr zhě dōu yǒu hěn duō bù tóng zhī chù huǒ jī tǐ cháng kě chāo guò
从体形到毛色，二者都有很多不同之处。火鸡体长可超过1

mǐ xiǎn rán bǐ jiā jī dà hěn duō huǒ jī hái yōng yǒu yì shēn kǎi jiǎ sì de fàn zhe guāng
米，显然比家鸡大很多。火鸡还拥有一身铠甲似的、泛着光

zé de shēn sè yǔ máo xióng huǒ jī de máo yǒu hēi sè zǐ sè hóng sè jīn shǔ hè sè hé
泽的深色羽毛。雄火鸡的毛有黑色、紫色、红色、金属褐色和

qīng tóng sè děng ér cí huǒ jī de máo sè jiào dān diào chéng hè sè jí huī sè bú guò jì
青铜色等；而雌火鸡的毛色较单调，呈褐色及灰色。不过，寄

shēng chóng huì shǐ huǒ jī de máo sè biàn àn yīn cǐ máo sè hái shi xiǎn shì qí jiàn kāng zhuàng kuàng
生虫会使火鸡的毛色变暗，因此毛色还是显示其健康状况

的重要指标。火鸡裸露的颈部有许多红色的小皮瘤，乍一看还挺吓人，但它们有显示心情的作用。当火鸡兴奋时，皮瘤的颜色会由红色转变为白色。

此外，雄性火鸡的胸前还有一绺黑色的、质地较粗的毛（髯），好像挂在脖子上的一条绶带，因此火鸡又被称为吐绶鸡。

火鸡"开屏"

一说到"开屏"，大家首先想到的总是孔雀，其实会开屏的动物不止孔雀一种，火鸡也会开屏。火鸡实行一夫多妻制，为了吸引异性，雄火鸡会展开尾羽，使之形成漂亮的扇形，然后翅膀下垂，缩着头阔步在雌性火鸡面前行走，并发出急促的"咯咯"叫声。最有趣的是，雄火鸡会拉上一帮兄弟去相亲，因为它们发现，这样组团交友往往比单独行动更容易获得雌性火鸡的青睐。

食猿雕——最高贵的飞翔者

shí yuán diāo zuì gāo guì de fēi xiáng zhě

食猿雕是菲律宾的国鸟，也是世界上体形最大的猛禽之一，体长约91厘米，翼展200~250厘米，体重约6.5千克，由于在啄食猴子时十分凶残，所以有"食猴鹰"之称。

霸气的外表

bà qì de wài biǎo

食猿雕的体形很大，体态十分强健。上半身羽色深褐色，下半身为浅黄或与白色相间，喉咙处有白色条纹，大腿上也覆盖羽毛。它的尾巴短而宽，尾羽很长，并且上面有黑色的条纹。远远看去，食猿雕就像穿着一件黑白相间的晚礼服，非常帅气。除此之外，食猿雕的头部后面，长有许多长达9厘米的矛状或柳叶状的冠羽。平心静气的时候，这些冠羽低伏下垂，但当它发怒的时候，这些冠羽就会高高地呈半圆形竖立起来，就像狮子的鬣毛一样霸气。

森林中的霸王

当发现猎物时，它们还能够突然增加速度。食猿雕大部分时间都是在树冠之中隐蔽地飞行捕食。它们善于在低空中盘旋，一旦发现猎物，就可以像闪电一样俯冲而下。通常，它们会先啄瞎猎物的眼睛，然后趁猎物疼痛不已，不知如何是好时，将其撕成碎块充饥。

"铁汉"也有柔情面

食猿雕是一种凶猛的禽类，只有面对自己的宝宝时才显出温柔、耐心的一面。在自然状态下，食猿雕的繁殖率极低，它们每窝只产1枚卵，通常需要孵化两个月的时间，幼鸟长齐羽毛需要4个多月，而且即便是已经长齐了羽毛的幼鸟，亲鸟仍然要照顾它们到第二年，才放心让它们离开。在幼鸟学习捕食技术期间，亲鸟仍然会担起喂养它们的责任。

只有当幼鸟离开亲鸟的领域之后，亲鸟才会再次营巢，进行繁殖。

凤尾绿咬鹃——自由的斗士
fèng wěi lǜ yǎo juān —— zì yóu de dòu shì

凤尾绿咬鹃是危地马拉的国鸟，可以说是中美洲丛林中最漂亮的鸟。这种如鸽子般大小的鸟有着华丽的外表，还拖着如凤凰一般长长的尾羽。

美丽如凤凰
měi lì rú fèng huáng

凤尾绿咬鹃的腹部为红色、背部为绿色，胸部还具有狭窄的半月形白环，从不同角度观看它们的整体，可看到由金属绿至蓝紫等不同颜色的羽毛闪烁着金属般的光泽。凤尾绿咬鹃最具特色的是它们如凤凰一样平滑的尾羽。由于其皮层较薄，易于撕裂，因此它们进化出了较厚的羽毛来保护自己，一般情况下，其双翼上的羽毛会遮住尾羽。只有在繁殖季节，雄性凤尾绿咬鹃才会长出几乎跟身体一样长、大约30厘米长的尾羽。当它们甩着金绿色的长尾巴在森林中穿行时，会让人产生凤凰再现的错觉。

国鸟的生活

凤尾绿咬鹃是一种特化的食果动物，偶而也会吃一些昆虫，如黄蜂、蚂蚁等。它们的喙强直有力，可以凿开树皮；舌头细长且尖端有短钩，能钩食树木中的蛀虫。但对它们来说，最重要的食物还是营养极丰富的牛油果及其他果子。它们会把整个果子咽下后，再用反刍的方式把果实吐出来，这种做法也间接地帮助了种子传播。

国家自由的象征

凤尾绿咬鹃酷爱自由，喜欢无拘无束的生活，所以你休想用鸟笼饲养它们，否则，它们宁可绝食而死。相传，西班牙殖民者入侵危地马拉之前，当地的凤尾绿咬鹃总是歌唱着，危地马拉被入侵后它们便开始沉默，直到危地马拉获得解放，它们才继续欢唱。因此，危地马拉人民视其为自由、爱国和友谊的象征。对于这个经过漫长斗争才得以独立的国家来说，用凤尾绿咬鹃作为国鸟再合适不过了。

223

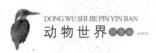

冠蓝鸦——鸟中蓝精灵

guàn lán yā ———— niǎo zhōng lán jīng líng

像动画片里的蓝精灵一样，冠蓝鸦的身体是漂亮的蓝色的。在某些国家，冠蓝鸦享有至高无上的地位，不仅被许多运动团体当作吉祥物，还被选为加拿大爱德华王子岛的省鸟。

心情好坏看冠毛

xīn qíng hǎo huài kàn guān máo

除了羽色迷人之外，冠蓝鸦头顶上的冠毛也很与众不同。当它们兴奋、进攻或求偶时，冠毛会高高地竖起；当它们受到惊吓时，冠毛会像扇子一样展开；当它们休息时，冠毛就平平地贴在头上。

远近闻名的大胃王

yuǎn jìn wén míng de dà wèi wáng

冠蓝鸦的个头虽然很小，但胃口却大得惊人呢！它们从来不挑食，只要是能吃的东西，像昆虫、坚果、谷物、水果、面包，甚至公园里的剩饭，都能成为它们嘴里的美味。

动物界的声音模仿大师

冠蓝鸦能够将很多不同的声音，如人类的说话声、其他鸟类的叫声、猫叫声和狗吠声等，模仿得惟妙惟肖，在动物"口技界"享有盛名。

冠蓝鸦虽然拥有高超的口技本领，但却不会把它当作炫耀的资本，而是用它来御敌。例如，当发现鹰和猫头鹰等掠食者入侵自己的领地时，冠蓝鸦就会发出警鸣声，以此告知同伴或者其他小型鸟类附近有危险。

太阳鸟——来自天堂的神鸟

太阳鸟的外表和习性都有点儿像蜂鸟。它们身长大约9～15厘米，体重仅5～6克，全身有紫、红、金黄等色彩，非常漂亮。

爱吃花蜜的鸟

太阳鸟非常喜欢吃花蜜，总是和蜜蜂蝴蝶们为伍。它们有细长微弯的嘴和管状的长舌，能够伸进花蕊深处吸食花蜜。它们吃花蜜时，常常不停地挥动着短圆的小翅膀，悬停在半空中，倒吊着身子，那动作简直和美洲蜂鸟一模一样。所以，有人也把它们称为"东方的蜂鸟"。遇到小甲虫和蜘蛛时，它们也不放过开荤的机会，常常想都不想就抓来充饥。它们还是带翅膀的"月下老人"，可以为植物传授花粉。

美丽的求偶方式

在大多数鸟类中，只有雄性才有令人惊叹的羽毛，太阳鸟也不例

226

外。在繁殖季节，雄鸟会选择一根便于看到数只雌鸟、视野开阔的树枝，然后站在上面对着雌鸟拍打翅膀或上下翻转，令羽毛像耀眼的瀑布般跳跃，以此来展示自己。那些尾羽带有奇异色彩的鸟则会来回飞行。如果一只雌鸟爱上了它所见到的那只雄鸟，就会和它结为夫妻。

喜欢顶风飞行

太阳鸟生活在巴布亚新几内亚的峻山丛林中，当地人们总会看见它们喜欢顶风飞行，这是因为太阳鸟怕从后面吹来的风会把它美丽的羽毛吹乱，所以它总是逆风飞行，因此它又被称为"凤鸟"。

227

鸮鹦鹉——不会飞的怪鹦鹉

鸮鹦鹉绝对是鹦鹉家族中的一个怪胎。这些来自新西兰的鹦鹉不仅长得丑陋，而且不会飞，还有很多"怪癖"呢！

🐾 脸像猫头鹰，身体像企鹅

鸮鹦鹉跟其他的鹦鹉长得不太一样，"鸮鹦鹉"这个名字其实就是因它们的长相而得的。这种鹦鹉的脸长得与猫头鹰极为相似，它们也有像猫头鹰一样由羽毛辐射状排列而成的脸。

在鹦鹉家族中，鸮鹦鹉的体形是最大的，体重最重的可以达到4千克，

shèn zhì bǐ yǒu de chéng nián jiā māo hái yào zhòng
甚至比有的成年家猫还要重

ne tā men nà pàng pàng de shēn tǐ lǐ chǔ cún le dà
呢！它们那胖胖的身体里储存了大

liàng de zhī fáng zǒu qǐ lù lái xiàng qǐ é yí yàng bèn zhuō
量的脂肪，走起路来像企鹅一样笨拙。

不爱飞翔，爱爬树
bù ài fēi xiáng ài pá shù

zài tiān kōng zhōng zì yóu zì zài de fēi xiáng shì niǎo yǔ shēng
在天空中自由自在地飞翔是鸟与 生

jù lái de běn lǐng jiù xiàng yú bú yòng xué yóu yǒng yí yàng
俱来的本领，就像鱼不用学游泳一样，

kě xiāo yīng wǔ què wán quán bú huì fēi tā men de chì bǎng
可鸮鹦鹉却完全不会飞。它们的翅膀

jī hū chéng le bǎi she zhǐ yǒu zài zǒu lù huò zhě pá shù
几乎成了摆设，只有在走路或者爬树

shí cái huì yòng chì bǎng lái píng héng yí xià shēn tǐ
时才会用翅膀来平衡一下身体。

suī rán bú huì fēi xíng dàn xiāo yīng wǔ pá shù de jì qiǎo kě shì yī liú de yīn wèi tā
虽然不会飞行，但鸮鹦鹉爬树的技巧可是一流的，因为它

men de zhuǎ zi bǐ qí tā yīng wǔ de dōu dà kě yǐ hěn fāng biàn de zài shù zhī jiān pān pá
们的爪子比其他鹦鹉的都大，可以很方便地在树枝间攀爬。

钟爱夜生活
zhōng ài yè shēng huó

xiāo yīng wǔ gēn māo tóu yīng yí yàng shì yè xíng xìng dòng wù bìng qiě xǐ huan dú jū bái tiān
鸮鹦鹉跟猫头鹰一样是夜行性动物，并且喜欢独居。白天，

tā men zài shù shang huò zhě guàn mù cóng zhōng xiū xi dào le wǎn shang jiù kāi shǐ wài chū mì shí
它们在树上或者灌木丛 中休息；到了晚上，就开始外出觅食。

zhí wù de zhǒng zi guǒ shí shèn zhì shù mù de biān cái dōu néng chéng wéi xiāo yīng wǔ zuǐ li de
植物的种子、果实，甚至树木的边材，都能 成为鸮鹦鹉嘴里的

měi wèi bú guò tā men zuì ài chī de hái shi ruì mù lèi
美味，不过它们最爱吃的还是芮木泪

bǎi de guǒ shí
柏的果实。

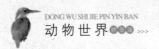
雪鸮——哈利·波特的宠物
xuě xiāo　　　　　hā lì　　bō tè de chǒng wù

作为哈利·波特的信使和宠物，海德薇的人气很高，它聪明能
干、忠诚可爱，一身雪白的羽毛能瞬间吸引人们的眼球。当然，
这种白色的猫头鹰是真实存在的，其学名叫雪鸮。

白色羽毛受青睐
bái sè yǔ máo shòu qīng lài

我们常见的猫头鹰都是棕色或褐色
的，像雪鸮这种生活在高纬度寒冷地区的
白色猫头鹰的确少见。它们全身主体的羽
毛为雪白色，头顶、背部、双翅及下腹则遍布
着黑色的斑点，雌性雪鸮和幼年雪鸮的斑点更多，而雄性的羽
毛会随着年龄的增长越来越白。雪鸮的羽毛非常浓密，使其
在零下50摄氏度的气温下还能保持38～40摄氏度的体温。

特殊的昼行性猫头鹰
tè shū de zhòu xíng xìng māo tóu yīng

一般猫头鹰都是昼伏夜出的夜行性动
物，通常扮演着"暗夜幽灵"的角色。但
漂亮的雪鸮是个特例，由于极昼的关系，
生活在北极圈内的它们早已经习惯了在白

tiān huó dòng hé mì shí　zhè yě ràng tā men chéng wéi shǎo yǒu de zhòu xíng xìng māo tóu yīng　xuě xiāo
天活动和觅食，这也让它们成为少有的昼行性猫头鹰。雪鸮

hái shi dú jū　huà dìng dì pán de niǎo lèi　zài shí wù chōng zú de nián fèn lǐ　píng fāng qiān
还是独居、划定地盘的鸟类，在食物充足的年份里，1平方千

mǐ de dì yù zhōng píng jūn zhǐ yǒu liǎng duì xuě xiāo shēng huó　ér zài shí wù kuì fá de nián fèn lǐ
米的地域中平均只有两对雪鸮生活，而在食物匮乏的年份里

zé huì gèng shǎo
则会更少。

看似乖巧的猛禽

māo tóu yīng shì jù yǒu jí qiáng gōng jī xìng de měng qín　piào liang de xuě xiāo yě bú lì
猫头鹰是具有极强攻击性的猛禽，漂亮的雪鸮也不例

wài　tā men kě bú huì xiàng hǎi dé wēi yí yàng rèn nǐ fǔ mō　shāo bù liú yì tā men jiù huì
外。它们可不会像海德薇一样任你抚摸，稍不留意它们就会

chū kǒu yì zhuó　xuè jiàn xiàn chǎng　shì hěn kě néng fā shēng de　bǔ liè shí de xuě xiāo gèng
出口一啄，"血溅现场"是很可能发生的。捕猎时的雪鸮更

jiā xiōng měng　tā men cháng cháng yǐ dūn zī děng dài liè wù chū xiàn　rán hòu yòng lì zhǎo jiāng liè
加凶猛，它们常常以蹲姿等待猎物出现，然后用利爪将猎

wù xùn sù zhuā qǐ　bìng pāi da　zhí dào liè wù jīng pí lì jié shí jiāng qí zhěng gè tūn xià
物迅速抓起，并拍打，直到猎物精疲力竭时将其整个吞下，

gè xiǎo shí hòu zài jiāng bù néng xiāo huà de bù fen yǐ shí wán de xíng shì tù chū　xuě
18～24个小时后再将不能消化的部分以食丸的形式吐出。雪

xiāo zài xià jì yǐ lǚ shǔ wéi zhǔ shí　měi zhī xuě xiāo měi tiān yào bǔ shí　zhī lǚ shǔ
鸮在夏季以旅鼠为主食，每只雪鸮每天要捕食7～12只旅鼠，

měi nián yào chī diào　zhī lǚ shǔ
每年要吃掉1600只旅鼠。

yuān yāng 鸳鸯——xǐ huan chū shuāng rù duì de niǎo 喜欢出双入对的鸟

yuān yāng shì yì zhǒng jīng cháng chū xiàn zài zhōng guó gǔ dài wén xué zuò pǐn hé shén huà chuán shuō
鸳鸯是一种经常出现在中国古代文学作品和神话传说

zhōng de niǎo lèi　　　tā men tǐ cháng　　　lí mǐ　　yì zhǎn　　　lí mǐ　yuān zhǐ xióng niǎo　yāng
中的鸟类。它们体长 41~49 厘米，翼展 65~75 厘米。鸳指雄鸟，鸯

zhǐ cí niǎo
指雌鸟。

piào liang de yuān yāng xióng niǎo 漂亮的鸳鸯雄鸟

yuān yāng hé kǒng què yí yàng　xióng niǎo fǎn ér gèng jiā měi
鸳鸯和孔雀一样，雄鸟反而更加美

lì　xióng xìng yuān yāng yǔ máo de sè cǎi fēi cháng yàn lì　　huì wéi
丽。雄性鸳鸯羽毛的色彩非常艳丽，喙为

shǎo jiàn de xiān hóng sè　　duān bù jù liàng huáng sè zuǐ jiǎ　　é tou chù
少见的鲜红色，端部具亮黄色嘴甲。额头处

shì jù yǒu jīn shǔ guāng zé de cuì lǜ sè　　bó zi shang yǒu àn lǜ hé zǐ sè de yǔ máo　　zhè
是具有金属光泽的翠绿色，脖子上有暗绿和紫色的羽毛，这

shǐ xióng niǎo hǎo xiàng dài shàng le yí gè　tóu tào　　xióng niǎo yāo bù hé bèi bù zhǎng yǒu dài yǒu
使雄鸟好像带上了一个"头套"。雄鸟腰部和背部长有带有

jīn shǔ guāng zé de hè sè huò lǜ sè yǔ máo　　zuì jù yǒu tè sè de shì　wèi yú xióng niǎo bèi
金属光泽的褐色或绿色羽毛。最具有特色的是，位于雄鸟背

bù de　sān jí fēi yǔ　　jiù xiàng yí gè fān chuán de xiǎo fān　shí fēn shuài qì　xiāng bǐ
部的"三级飞羽"，就像一个帆船的小帆，十分帅气。相比

zhī xià　yuān yāng cí niǎo jiù xùn sè duō le　　tā men tōng tǐ wéi àn yǎ de huī sè　yě bù jù
之下，鸳鸯雌鸟就逊色多了，它们通体为暗哑的灰色，也不具

yǒu xióng niǎo suǒ jù yǒu de fān zhuàng sān jí fēi yǔ　kàn qǐ lai jiù xiàng yì zhī yā zi
有雄鸟所具有的帆状三级飞羽，看起来就像一只鸭子。

快乐的居家生活

鸳鸯不但出双入对，还喜欢集体活动，一般20多只为一组。每天在晨雾尚未散尽的时候，它们就会从夜晚

栖息的丛林中飞出来，聚集在水塘边，在有树荫或芦苇丛的水面上漂浮、取食，然后再飞到树林中去觅食。大约一两个小时后，又先后回到河滩或水塘附近的树枝或岩石上休息。傍晚时，它们会飞回树丛中或岩洞里睡觉。

安逸却不"大意"

鸳鸯的生活虽然很安逸，但是它们生性机警，绝不会麻痹大意。每天饱餐之后，在返回栖居地时，常常先有一对鸳鸯在栖居地的上空盘旋侦察，确认没有危险后才招呼大家一起落下歇息。如果发现有情况，就发出警告声，然后与同伴们一起迅速逃离。

织巢鸟——吊巢建筑师
zhī cháo niǎo —— diào cháo jiàn zhù shī

织巢鸟跟麻雀的大小差不多，体长有
zhī cháo niǎo gēn má què de dà xiǎo chà bu duō tǐ cháng yǒu

11~15厘米。它们常常十几只，甚至成
lí mǐ tā men cháng cháng shí jǐ zhī shèn zhì chéng

百上千只活动于草灌丛中。
bǎi shàng qiān zhī huó dòng yú cǎo guàn cóng zhōng

热闹的大家庭
rè nao de dà jiā tíng

织巢鸟活泼好
zhī cháo niǎo huó po hào

动，喜欢热闹，常常
dòng xǐ huan rè nao cháng cháng

群居在一起。它们往往会将几
qún jū zài yì qǐ tā men wǎng wǎng huì jiāng jǐ

十个鸟巢筑造在同一棵树上，并
shí gè niǎo cháo zhù zào zài tóng yì kē shù shang bìng

且每到繁殖季节，就会重新修缮，
qiě měi dào fán zhí jì jié jiù huì chóng xīn xiū shàn

这使得有些地方织巢鸟的鸟窝非常 壮
zhè shǐ de yǒu xiē dì fang zhī cháo niǎo de niǎo wō fēi cháng zhuàng

观。它们每天叽叽喳喳地在一起，好不热闹。
guān tā men měi tiān jī ji zhā zhā de zài yì qǐ hǎo bú rè nao

雄鸟的求偶
xióng niǎo de qiú ǒu zhuǎn

织巢鸟是一夫多妻制，为了吸引心仪的雌鸟，每到繁殖季
zhī cháo niǎo shì yì fū duō qī zhì wèi le xī yǐn xīn yí de cí niǎo měi dào fán zhí jì

节，雄鸟就会穿上自己最漂亮的衣服，在雌鸟面前展示，以
jié xióng niǎo jiù huì chuān shàng zì jǐ zuì piào liang de yī fu zài cí niǎo miàn qián zhǎn shì yǐ

吸引雌鸟。但是一年中，除了在繁殖季节，雄鸟和雌鸟的羽毛
xī yǐn cí niǎo dàn shì yì nián zhōng chú le zài fán zhí jì jié xióng niǎo hé cí niǎo de yǔ máo

都呈暗褐色，没有太大的区别。但是说来也怪，每到交配期，
dōu chéng àn hè sè méi yǒu tài dà de qū bié dàn shì shuō lái yě guài měi dào jiāo pèi qī

雄鸟的身上就会出现鲜明的黄色斑纹，有的地区的雄鸟的
xióng niǎo de shēn shang jiù huì chū xiàn xiān míng de huáng sè bān wén yǒu de dì qū de xióng niǎo de

yán sè hái huì gèng jiā yàn lì yì xiē　yí dàn qiú ǒu chéng gōng　tā men
颜色还会更加艳丽一些。一旦求偶成功，它们

jiù huì zì dòng tuō qù huā yī fu　ān xīn de guò rì zi le
就会自动脱去花衣服，安心地过日子了。

wèi ài gān zuò　　fáng nú
为爱甘做"房奴"

měi dāng jiāo pèi qī lái lín de shí hou　xióng niǎo men biàn kāi shǐ yì chǎng
每当交配期来临的时候，雄鸟们便开始一场

biān zhī diào cháo de jué zhú　shǒu xiān　　tā men huì yòng cǎo gēn hé xì cháng
编织吊巢的角逐。首先，它们会用草根和细长

de zōng lú yè zhī chéng yí gè quān　zài bú duàn tiān jìn cái liào　　yì zhí
的棕榈叶织成一个圈，再不断添进材料，一直

dào zhī chéng yí gè kōng xīn de qiú tǐ　rán hòu zài jiā shàng yí gè cháng
到织成一个空心的球体，然后再加上一个长

yuē　　lí mǐ de rù kǒu jiù suàn wán chéng le　　xióng niǎo zài biān zhī diào cháo de
约60厘米的入口就算完成了。雄鸟在编织吊巢的

guò chéng zhōng bìng bù zhuān xīn　yīn wèi tā men hái yào shí bù shí de dào diào zhǎn chì　xiàng
过程中并不专心，因为它们还要时不时地倒吊展翅，向

cí niǎo xuàn yào yì fān　ér cí niǎo zé zài yì páng chōng dāng　jiān gōng　de jué sè　bú
雌鸟炫耀一番。而雌鸟则在一旁充当"监工"的角色，不

dàn bù bāng máng　hái huì duì　　hūn fáng　de pǐn zhì tiāo sān jiǎn sì　rú guǒ cí niǎo bù mǎn
但不帮忙，还会对"婚房"的品质挑三拣四。如果雌鸟不满

yì　xióng niǎo jiù huì zì dòng chāi chú xīn qín zhī qǐ
意，雄鸟就会自动拆除辛勤织起

lai de diào cháo　bìng zài yuán chù chóng
来的吊巢，并在原处重

xīn shè jì hé biān zhī yí gè gèng
新设计和编织一个更

jīng qiǎo de diào cháo　rú guǒ
精巧的吊巢。如果

zhè cì bó dé le cí niǎo
这次博得了雌鸟

de zàn xǔ　tā men biàn
的赞许，它们便

huì dìng xià zhōng shēn dà
会定下终身大

shì　rán hòu gòng tóng
事，然后共同

bù zhì　xīn fáng
布置"新房"。

běi jí yàn ōu —— qiān xǐ zhī wáng
北极燕鸥——迁徙之王

běi jí yàn ōu yǐ qiān xǐ wénmíng yú shì　　tā menměiniándōuyào
北极燕鸥以迁徙闻名于世，它们每年都要

wǎng fǎn nán běi liǎng jí yí cì　xíng chéng shù wàn qiān mǐ　　yì shēng zhōng fēi xíng de jù lí xiāng dāng
往返南北两极一次，行程数万千米，一生中飞行的距离相当

yú cóng dì qiú dào yuè qiú　gè lái huí
于从地球到月球3个来回。

zhuī zhú guāng míng de shǐ zhě
追逐光明的使者

běi jí yàn ōu xiǎoxiǎo de shēn tǐ lǐ yùncáng zhe jù dà de néng liàng　xiàng hěn duō qiān xǐ de
北极燕鸥小小的身体里蕴藏着巨大的能量。像很多迁徙的

niǎo yí yàng　wèi le duǒ bì hán lěngmàncháng de dōng jì　　tā men zài běi jí de xià tiānshēng yù
鸟一样，为了躲避寒冷漫长的冬季，它们在北极的夏天生育

fán yǎn　zài nán jí de xià tiān xiū yǎng shēng xī　chú cǐ zhī wài　　tā men jìn xíng zhè yàng yáo
繁衍，在南极的夏天休养生息。除此之外，它们进行这样遥

yuǎn màn cháng de qiān xǐ　　hái yǒu yí gè zuì zhòng yào de yuán
远漫长的迁徙，还有一个最重要的原

yīn　běi jí yàn ōu xí guànguò bái zhòu shēng huó
因：北极燕鸥习惯过白昼生活。

yóu yú nán běi liǎng jí de xià tiān　　tài yáng yǒng yuǎn
由于南北两极的夏天，太阳永远

bú huì luò xià　suǒ yǐ tā men biàn bù cí xīn láo　fēi yuè
不会落下，所以它们便不辞辛劳，飞越

chóng yáng　　zhǐ wèi le zhuī qiú gèng duō de　guāng míng
重洋，只为了追求更多的"光明"。

旅行生活大曝光

可以说，北极燕鸥的一生都在旅行，但目的地只有两个：北极和南极。每年8月，当北极的夏季快要结束时，北极燕鸥便会离开家乡，全家飞往南极"度假"。在飞行途中，它们会选择一些湖泊作为中转站，待补充食物，并恢复体力后再继续前行，大约在12月初抵达南极。到来年4月，在南极做客数月的北极燕鸥又将启程，开始跨越半个地球的迁徙。仅需两个月，它们便可返回北极老家。

团结一致，抵御外敌

平日里，北极燕鸥内部争斗不断，不过每当有外敌入侵时，它们就会齐心协力，一致对外。一旦发现貂、狐狸等打北极燕鸥的蛋和幼崽的主意，成千上万只北极燕鸥就会一同出击，用坚硬的喙猛啄敌人的脑袋，直到其招架不住，落荒而逃。

237

5
第五章

yú lèi
鱼类

yú de tè zhēng
鱼的特征

咸水鱼

yú shì shuǐ zhōng de jīng líng   shì dì qiú shang shēng wù de zhòng yào zǔ
鱼是水中的精灵，是地球上生物的重要组

chéng bù fen   shì jiè shang xiàn yǐ fā xiàn de yú lèi yuē yǒu   zhǒng
成部分。世界上现已发现的鱼类约有26000种。

shēng lǐ tè zhēng
🐾 生理特征

wǒ men cháng shuō   yú er lí bù kāi shuǐ   zhè zhǒng wú fǎ
我们常说"鱼儿离不开水"，这种无法

gǎi biàn de qīn shuǐ xìng jiù shì yú lèi zuì xiǎn zhù de tè zhēng   zhè yí
改变的亲水性就是鱼类最显著的特征。这一

tè diǎn hé tā men de hū xī fāng shì yǒu zhe mò dà de guān xi   yú
特点和它们的呼吸方式有着莫大的关系。鱼

lèi yòng sāi hū xī   zhǐ yǒu zài shuǐ zhōng   sāi cái kě yǐ pài shàng yòng
类用鳃呼吸，只有在水中，鳃才可以派上用

chǎng   wèi le néng gòu gèng hǎo de zài shuǐ zhōng zì yóu zì zài de shēng
场。为了能够更好地在水中自由自在地生

huó   jiā kuài zì shēn zài shuǐ zhōng de yóu yǒng sù dù   yú lèi jìn huà chū le dú
活，加快自身在水中的游泳速度，鱼类进化出了独

tè de qí   wèi le dǐ kàng shuǐ zhōng nǎi zhì shēn hǎi de jù dà yā lì   yú lèi jìn huà chū le
特的鳍。为了抵抗水中乃至深海的巨大压力，鱼类进化出了

kàng yā de jǐ zhuī   lí bù kāi shuǐ   yòng sāi hū xī   yòng qí yóu yǒng zhǎng yǒu jǐ zhuī   zhè
抗压的脊椎。离不开水，用鳃呼吸，用鳍游泳，长有脊椎，这

jiù shì yú qū bié yú qí tā shēng wù de shēng lǐ tè zhēng
就是鱼区别于其他生物的生理特征。

wài xíng tè diǎn
🐾 外形特点

yú lèi tǐ biǎo guāng huá   yǒu de zhǒng lèi de shēn tǐ hái huì fēn mì chū dú tè de nián yè
鱼类体表光滑，有的种类的身体还会分泌出独特的黏液。

wèi le jiàng dī yóu dòng shí de zǔ lì   yú tǐ duō chéng liú xiàn xíng huò fǎng chuí xíng   dāng rán   bìng
为了降低游动时的阻力，鱼体多呈流线型或纺锤形。当然，并

bú shì suǒ yǒu de yú lèi dōu wán quán fú hé zhè yí tè diǎn   yě yǒu shǎo shù lì wài   yǒu de shēn
不是所有的鱼类都完全符合这一特点，也有少数例外：有的身

tǐ biǎn píng   yǒu de shēn tǐ jí cháng   yě yǒu de shēn tǐ jí duǎn   zhè xiē qiān qí bǎi guài   xíng
体扁平，有的身体极长，也有的身体极短。这些千奇百怪、形

态各异的鱼构成了十分奇妙的鱼类世界。

奇异的叫声

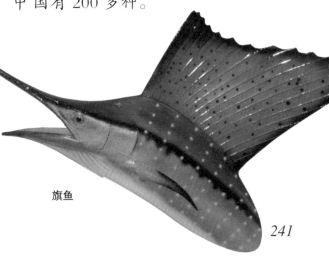

食人鱼

有些鱼类也是有语言的，它们通过声音的大小和转换来进行沟通。如娇小可爱的海马会发出类似于打鼓的声音，箱鲀能发出类似于狗叫的声音，电鲇的叫声活像一只发怒的猫……

斗鱼

鱼的分类

按照鱼体内骨骼的特点，可将鱼分为软骨鱼和硬骨鱼。

软骨鱼的骨头由软骨组成，外骨骼不发达或退化。全世界的软骨鱼类现存约有800种，中国有200多种。

生活中常见的鱼类绝大部分属于硬骨鱼，如鲤鱼、青鱼、草鱼、鲢鱼等。它们的最大特点是骨骼为硬骨。

旗鱼

241

鲨鱼——"海中狼"
shā yú　　　　　　hǎi zhōng láng

鲨鱼又叫"鲛",被称为"海中狼",是海中"死神"。鲨鱼可
谓是地球上历史最为久远的生物之一了,比恐龙出现得还早。中国有
100余种鲨鱼。

暴虐成性

一些鲨鱼被认为是海洋中最凶猛的动物。它们的撕咬能
力惊人,喜欢厮杀,残暴成性,连受伤的同类都会成为其
口中的美餐。它们在争抢食物的时候毫无感情,有时候连自
己的孩子都不放过,将幼鲨吃得一干二净。

鲨鱼的苦恼

多数鲨鱼体形较
大,相比之下,它们
的胸鳍和尾鳍就显得
较小,在游泳时不得不像蛇
一样将身体左右摆动。这种身体
构造使它们调转方向的能力很差,它们
想要倒退更是不可能。因此,它们很容
易陷入像刺网这样的障碍中,而且一

^{xiàn rù jiù nán yǐ zì jiù} ^{wú fǎ zhuǎn shēn wǎng huí yóu}
陷入就难以自救，无法转身往回游。

^{shā yú cóng chū shēng hòu jiù kāi shǐ yóu dòng} ^{bù néng suí}
鲨鱼从出生后就开始游动，不能随

^{yì tíng zhǐ} ^{dǐng duō kě yǐ shāo zuò pán xuán} ^{fǒu zé biàn huì}
意停止，顶多可以稍作盘旋，否则便会

^{zhì xī ér sǐ}
窒息而死。

🐾 鱼牙
^{yú yá}

^{shā yú zhǎng yǒu wǔ liù pái yá}
鲨鱼长有五六排牙

^{chǐ} ^{kàn qǐ lai shí fēn xià rén} ^{dàn zhǐ yǒu zuì wài pái de yá}
齿，看起来十分吓人，但只有最外排的牙

^{chǐ cái zhēn zhèng néng qǐ zuò yòng} ^{qí yú de yá chǐ dōu shì bèi yòng}
齿才真正能起作用，其余的牙齿都是备用

^{de} ^{yí dàn wài céng yá chǐ yǒu tuō luò} ^{lǐ miàn zuì jìn yì pái de yá}
的。一旦外层牙齿有脱落，里面最近一排的牙

鲸鲨

^{chǐ jiù huì mǎ shàng yí dòng dào qián miàn lái tián bǔ kòng quē} ^{cǐ wài} ^{dà yá}
齿就会马上移动到前面来填补空缺。此外，大牙

^{chǐ hái huì suí zhe shā yú de shēng zhǎng ér bú duàn de qǔ dài xiǎo yá chǐ}
齿还会随着鲨鱼的生长而不断地取代小牙齿。

大白鲨

243

yáo yú —— yú lèi zhōng de "mó guǐ"
鳐鱼——鱼类中的"魔鬼"

zài shuǐ zú guǎn zhōng　wǒ men cháng néng jiàn dào shēn tǐ chéng biǎn píng zhuàng de yú lèi　tā men

在水族馆中，我们常能见到身体呈扁平状的鱼类，它们

bù jǐn xíng tài tè bié　ér qiě gǔ tou xiāng duì jiào ruǎn　zài yùn dòng shí shèn zhì kě yǐ suí yì wān qū shēn

不仅形态特别，而且骨头相对较软，在运动时甚至可以随意弯曲身

tǐ　zhè zhǒng jí qí tè bié de biǎn tǐ ruǎn gǔ yú lèi bèi tǒng chēng wéi　yáo yú

体。这种极其特别的扁体软骨鱼类被统称为"鳐鱼"。

xiàng mù bù de shēn tǐ
像幕布的身体

yáo yú běn shì shā yú de tóng lèi　hòu lái wèi le shì yìng hǎi dǐ de shēng huó　miǎn zāo dí

鳐鱼本是鲨鱼的同类，后来为了适应海底的生活，免遭敌

rén de gōng jī　jiù cháng cháng jiāng zì jǐ mái zài hǎi dǐ de ní shā zhōng　jiǔ ér jiǔ zhī　shēn

人的攻击，就常常将自己埋在海底的泥沙中。久而久之，身

tǐ sì zhōu biàn chéng le yí quān shàn zi yí yàng de xiōng qí　yáo yú yóu dòng shí　xiōng qí rú bō

体四周变成了一圈扇子一样的胸鳍。鳐鱼游动时，胸鳍如波

làng bān shàng xià fú dòng　zhěng gè shēn tǐ jiù xiàng yì zhāng jù dà ér hòu shi de dà mù bù piāo fú

浪般上下浮动，整个身体就像一张巨大而厚实的大幕布漂浮

zài shuǐ zhōng

在水中。

锯鳐

xiàng hé bāo de luǎn
像荷包的卵

在海滩上，常常能见到一种
zài hǎi tān shang cháng cháng néng jiàn dào yì zhǒng

长方形的类似于荷包的东西，
cháng fāng xíng de lèi sì yú hé bāo de dōng xi

它们虽不精美但却精致，外面还
tā men suī bù jīng měi dàn què jīng zhì wài miàn hái

有一层革质壳，可以起到保护作
yǒu yì céng gé zhì ké kě yǐ qǐ dào bǎo hù zuò

用。这种神秘的"荷包"是鳐
yòng zhè zhǒng shén mì de hé bāo shì yáo

鱼的卵。人们将其称为"美人
yú de luǎn rén men jiāng qí chēng wéi měi rén

鱼的荷包"。
yú de hé bāo

斑鳐

zhì mìng de wǔ qì
致命的武器

鳐鱼的性情比较温和，不凶
yáo yú de xìng qíng bǐ jiào wēn hé bù xiōng

悍，更不会主动攻击人类。但是如果游泳者或潜水者不小心惊
hàn gèng bú huì zhǔ dòng gōng jī rén lèi dàn shì rú guǒ yóu yǒng zhě huò qián shuǐ zhě bù xiǎo xīn jīng

醒了埋在泥沙中的鳐鱼的美梦，那可就危险了。
xǐng le mái zài ní shā zhōng de yáo yú de měi mèng nà kě jiù wēi xiǎn le

受到惊吓的鳐鱼常常会迅速地用已退化成
shòu dào jīng xià de yáo yú cháng cháng huì xùn sù de yòng yǐ tuì huà chéng

鞭形的尾巴攻击来犯者。许多鳐鱼尾巴
biān xíng de wěi ba gōng jī lái fàn zhě xǔ duō yáo yú wěi ba

上有强壮而坚硬
shang yǒu qiáng zhuàng ér jiān yìng

的毒刺，一旦被其刺
de dú cì yí dàn bèi qí cì

入身体，伤口就会剧痛
rù shēn tǐ shāng kǒu jiù huì jù tòng

无比，如果抢救不及时，
wú bǐ rú guǒ qiǎng jiù bù jí shí

甚至会有生命危险！
shèn zhì huì yǒu shēng mìng wēi xiǎn

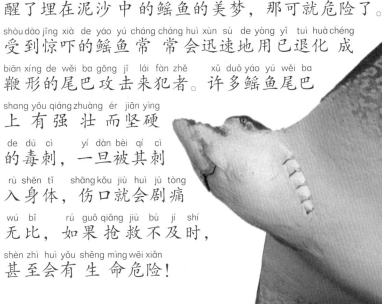

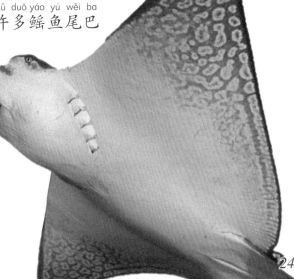

小丑鱼——可雌可雄的变性高手
xiǎo chǒu yú kě cí kě xióng de biàn xìng gāo shǒu

小丑鱼是一种热带咸水鱼。因为鱼脸上都有一条或两条白
xiǎo chǒu yú shì yì zhǒng rè dài xián shuǐ yú   yīn wèi yú liǎn shang dōu yǒu yì tiáo huò liǎng tiáo bái

色的条纹，就像小丑似的，故而得名"小丑鱼"。
sè de tiáo wén   jiù xiàng xiǎo chǒu sì de   gù ér dé míng   xiǎo chǒu yú

和海葵共生
hé hǎi kuí gòngshēng

小丑鱼喜欢生活在带有毒刺的海葵丛
xiǎo chǒu yú xǐ huan shēng huó zài dài yǒu dú cì de hǎi kuí cóng

中。它们的身体表面拥有特殊的黏液，可不
zhōng   tā men de shēn tǐ biǎo miàn yōng yǒu tè shū de nián yè   kě bú

受海葵的影响而安全自在地生活于其间。
shòu hǎi kuí de yǐng xiǎng ér ān quán zì zai de shēng huó yú qí jiān

有了海葵的保护，小丑鱼可以免受其他大鱼
yǒu le hǎi kuí de bǎo hù   xiǎo chǒu yú kě yǐ miǎn shòu qí tā dà yú

的攻击，还可以吃海葵吃剩的食物。对海葵而
de gōng jī   hái kě yǐ chī hǎi kuí chī shèng de shí wù   duì hǎi kuí ér

印度红小丑

言，它们可借着小丑鱼的自由进出吸引其他的鱼类靠近，增加
yán   tā men kě jiè zhe xiǎo chǒu yú de zì yóu jìn chū xī yǐn qí tā de yú lèi kào jìn   zēng jiā

捕食的机会；小丑鱼亦可除去海葵的坏死组织及寄生虫，同时
bǔ shí de jī hui   xiǎo chǒu yú yì kě chú qù hǎi kuí de huài sǐ zǔ zhī jí jì shēngchóng tóng shí

小丑鱼的游动可减少沉积在海葵丛中的残屑。
xiǎo chǒu yú de yóu dòng kě jiǎn shǎochén jī zài hǎi kuí cóng zhōng de cán xiè

咖啡小丑鱼

黑双带小丑鱼

公子小丑鱼

"女中豪杰"

我们都知道，在母系社会，女子占有主导地位，担任族长的一般是年长的妇女。而在鱼类的世界中，竟也有相似的情况。雌性小丑鱼是一家之主，个头较大的它带领着几只体形略小的雄性小丑鱼共同生活在一只海葵之中，如果有危险来临，如外敌侵犯，它会立刻向其他家庭成员下达命令或亲自"率军出战"，真可谓是鱼类中的"女中豪杰"啊！

神奇的变性

人类若想改变性别，一定要通过手术。而对于小丑鱼来说，改变性别仅仅是它们最普通的习性而已。小丑鱼是雌性当家的，但如果这个家族中的雌鱼不见了，那么雌鱼的丈夫会在几星期至几个月的时间内完全变成雌鱼。这时，其他雄鱼成员中会有一条最强壮的成为这一雌鱼的丈夫。这种不需要任何技术的变性手法真是大自然的奇迹！

小丑鱼与海葵

247

旗鱼——迅疾的剑客

旗鱼是一种性情凶猛、行动迅捷的鱼类，它们长喙的形状如利剑一般，而且骨质非常坚硬。

形状酷似一面旗子

旗鱼种类较多，主要有立翅旗鱼、红肉旗鱼、黑皮旗鱼、芭蕉旗鱼等，其习性大同小异。旗鱼的前颌骨和鼻骨向前延伸，形似宝剑。青褐色的身躯上有灰白色的斑点，这些斑点以纵行排列，看上去像一条条圆点线。旗鱼的第一背鳍长得又长又高，前端上缘凹陷，竖起展开的时候，仿佛是船上扬起的一张风帆，又像是展开的一面旗帜，人们因此叫它们"旗鱼"。

凶残的猎手

旗鱼是海洋中的游泳冠军，也是海洋食物链中高高在上的食肉动物，极少有生物能威胁到它们。

鹦嘴鱼——大额头的鱼
yīng zuǐ yú　　　　dà é tou de yú

鹦嘴鱼分布在热带海域，是一种大型鱼类，嘴长得和鹦鹉的嘴相似，里面生有很多小牙齿。

色彩艳丽

鹦嘴鱼是生活在珊瑚礁中的热带鱼类。每当涨潮的时候，大大小小的鹦嘴鱼披着绿莹莹、黄灿灿的外衣，从珊瑚礁外的深水中游到浅水礁坪中时，从海面望去，宛如腾起一道彩虹，十分美丽。

坚嘴利牙

鹦嘴鱼有着独特的牙齿和特殊的消化系统。它们的嘴力量极强，可以将珊瑚虫连同它们的骨骼一同啃下，它们长在咽喉部位的小牙齿会发挥出巨大威力——磨碎珊瑚虫，将其吞入腹中。

249

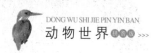
jīn yú —— yú lèi zhōng de yì shù pǐn
金鱼——鱼类中的艺术品

jīn yú tǐ tài qīng yíng、sè cǎi yàn lì、zī tài yōu yǎ，shì zhù míng de guān shǎng
金鱼体态轻盈、色彩艳丽、姿态优雅，是著名的观 赏

yú lèi。 tā men de zǔ xiān shì jì yú
鱼类。它们的祖先是鲫鱼。

mí rén de yǎn jing
迷人的眼睛

jīn yú de yǎn jing yǒu bù tóng de lèi xíng。 yǒu de jīn yú yǎn jing dà xiǎo zhèng cháng，jiào
金鱼的眼睛有不同的类型。有的金鱼眼睛大小正常，叫

zhèng cháng yǎn； yǒu de jīn yú yǎn jing fēi cháng dà， dà dào dōu tū chū le yǎn kuàng，jiào
"正常眼"；有的金鱼眼睛非常大，大到都凸出了眼眶，叫

lóng yǎn； yǒu de jīn yú yǎn jing bù jǐn tū chū yǎn kuàng， ér qiě hái tóng kǒng cháo tiān，jiào
"龙眼"；有的金鱼眼睛不仅凸出眼眶，而且还瞳孔朝天，叫

cháo tiān yǎn； yǒu de jīn yú zài tū chū yǎn kuàng de yǎn jing wài cè， hái zhǎng yǒu bàn tòu
"朝天眼"；有的金鱼在凸出眼眶的眼睛外侧，还长有半透

míng de xiǎo pào， měng yí kàn qù， jiù xiàng zhǎng le sì zhī yǎn jing，jiào shuǐ pào yǎn
明的小泡，猛一看去，就像长了四只眼睛，叫"水泡眼"。

mǐn gǎn de pí fū
敏感的皮肤

jīn yú yǒu shí huì biàn sè， zhè shì shòu shén jīng xì tǒng hé nèi fēn mì xì tǒng kòng zhì de。
金鱼有时会变色，这是受神经系统和内分泌系统控制的。

dāng jīn yú shòu shāng、shēng bìng huò shuǐ zhōng quē yǎng、 shuǐ zhì biàn chà shí， jīn yú de tǐ sè jiù
当金鱼受伤、生病或水中缺氧、水质变差时，金鱼的体色就

huì biàn àn， bìng qiě shī qù guāng zé； rú guǒ yòng qiáng liè de dēng guāng zhào shè tā men，yì
会变暗，并且失去光泽；如果用强烈的灯光照射它们，一

xiē jīn yú tǐ biǎo hái huì xiǎn xiàn chū tè bié de bān wén
些金鱼体表还会显现出特别的斑纹。

河豚——游动的毒药罐子

河豚在欧美统称为"气泡鱼"，因为这种鱼遇到危险的时候会将自己身体里注满水和空气，从而吓走敌人。

自动充气

当渔民的渔网捕捞到河豚，并将之倒在岸上时，河豚会迅速地吸气，并膨胀成圆鼓鼓的状态——诈死，人们往往会觉得它们的样子很恶心，很难看，会不由自主地用脚一踢，这无形中帮了它们大忙——它们顺势一滚，逃回水中，瞬间消失得无影无踪。

独特的求爱方式

科学家发现，雄性河豚会从它们的生活环境中收集"礼物"，献给心仪的对象，只不过这份礼物可能是一束水草、一根木棍，或者是一块石子。

游动的毒药罐子

河豚的肉是无毒的，但是血液、皮肤、卵巢及肝脏等有剧毒。在日本，每年都有不少人因食用河豚而中毒。

dài yú —— xiōng cán de tān chī guǐ
带鱼——凶残的贪吃鬼

dài yú shì wǒ men jīng cháng shí yòng de yì zhǒng yú   tā men
带鱼是我们经常食用的一种鱼，它们

de shēn tǐ jiù xiàng yì gēn zhōng jiān kuān liǎng tóu zhǎi de dài
的身体就像一根中间宽、两头窄的带

zi suǒ yǐ bèi chēng wéi dài yú
子，所以被称为"带鱼"。

huā yàng yóu yǒng gāo shǒu
花样游泳高手

dài yú de yóu yǒng néng lì bú qiáng sù dù yě bú kuài dàn shì tā
带鱼的游泳能力不强，速度也不快，但是它

men zài shuǐ zhòng de zī shì què xiāng dāng yōu měi qí tā yú lèi shì gēn běn xué
们在水中的姿势却相当优美，其他鱼类是根本学

bù lái de zài jìng zhǐ shí tā men zǒng shì jiāng cháng cháng de shēn zi chuí zhí de lì zài shuǐ
不来的。在静止时，它们总是将长长的身子垂直地立在水

zhōng tóu xiàng shàng áng qǐ zhù shì zhe shàng miàn de dòng jìng xiàng shì zài yǎng tiān cháng xiào
中，头向上昂起，注视着上面的动静，像是在仰天长啸，

yòu xiàng shì zài duì tiān qí dǎo rú guǒ yú jiè yě jǔ bàn gè huā yàng yóu yǒng bǐ sài dài yú yí
又像是在对天祈祷。如果鱼界也举办个花样游泳比赛，带鱼一

dìng huì ná dào hǎo chéng jì
定会拿到好成绩。

252

凶残的性情

带鱼是一种极其凶猛的肉食性鱼类，它们的牙齿十分发达，多而且尖利。它们在饥饿的时候会变得十分凶残，同类之间甚至会互相撕咬。鱼群中如果有一条带鱼奄奄一息或伤痕累累，其他带鱼不仅不会同情它，反而会群起而攻之，将其分食。

带鱼的鱼汛

某些鱼类成群地、大量地出现于水面的时期被称为"鱼汛"，在这一时期，人们可以对成群出现的鱼类进行集中捕捞。我国沿海的带鱼可以分为南、北两大类，两类带鱼的鱼汛有所不同。北方带鱼在黄海南部越冬，春天游向渤海，形成春季鱼汛，秋天则结群返回越冬地，形成秋季鱼汛；而南方带鱼每年沿东海西部边缘，随季节不同作南北向移动，春季向北作生殖洄游，冬季向南作越冬洄游，故南方带鱼有春汛和冬汛之分。

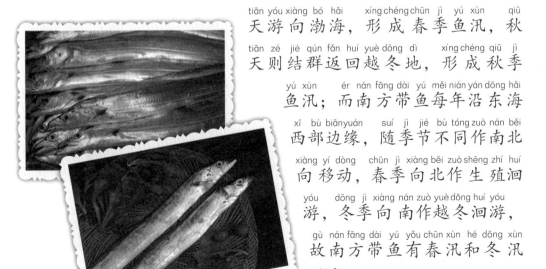

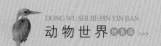

海马——伪装大师
hǎi mǎ —— wěi zhuāng dà shī

海马的模样既可爱又滑稽，小小的身躯上竟长着一个大大的酷似马脑袋的头。而且，它总是高高地仰起头，很是骄傲呢！

海中"四不像"

海马属于硬骨鱼。除了有一个酷似马头的脑袋之外，它还有一对变色龙似的眼睛、虾一样弯曲的身子和长长的尾巴。这些稀奇古怪的部位组合在一起，已经完全背离了鱼类的一贯形象，简直可以说是最不像鱼的鱼了。

"爸爸"当"妈妈"

海马几乎是动物界中唯一由父亲怀孕育儿的动物。海马的育儿袋里每次可装几百颗卵，一次孕育要经历二三十天，小海马才能出生。

神仙鱼——水中仙子

游动中的神仙鱼体态优雅、姿势迷人，既像仙子在水中畅游，又像燕子在飞翔，所以神仙鱼又有"燕鱼"这一别名。

黄金神仙鱼

游起来像帆船

神仙鱼身长12～15厘米，高15～20厘米，身体扁扁的，头也尖尖的，整个身体看上去呈菱形。它的背鳍和臀鳍就像三角帆一样挺拔。神仙鱼游动时仿佛在向大家宣布："小帆船"起航了！

常遭挑衅的"好好先生"

神仙鱼的性格十分温和，从不侵犯其他鱼类，即使是同类之间，也从不争斗。它们每日都是悠哉悠哉地来回游动，但就是这样的好好先生也会有烦恼。有些个性调皮的鱼类，如虎皮鱼和孔雀鱼，喜欢啃咬神仙鱼那发达的背鳍和臀鳍，来挑战它的好脾气，弄得它们很无奈。

比目鱼——双眼同侧的奇鱼

比目鱼栖息在浅海的沙质海底，以捕食小鱼虾为生。它们特别适于在海床上的底栖生活，最大特点是两只眼睛长在脑袋的同一侧。

神奇的身体"密码"

比目鱼的身体呈扁平状，身体表面有极细密的鳞片，它们只有一条背鳍，从头部几乎延伸到尾鳍。比目鱼有两个最显著的特征：一个是两只眼睛都长在身体的左侧，也就是游泳时朝上的那一层；另一个是它的体色，有眼的一侧（静止时的上面）有颜色，下面无眼的一侧为白色。

有趣的生活习性

比目鱼的生活习性非常有趣，在水中游动时不像其他鱼类那样脊背向上，而是有眼睛的一侧向上，侧着身子游泳。它们常常平卧在海底，在身体上覆盖一层沙子，只露出两只眼睛，以等待猎物、躲避捕食。

保护自己有方法

有些比目鱼能随周围环境颜色的变化而改变体色，而这种变色是靠眼睛来观察的。当比目鱼发现它目之所及的地方的颜色改变了色调，那么它就开始改变身体颜色。所以，比目鱼只要游到一个新的地方，就会改变一次体色，如此一来，比目鱼一天不知道要变多少次。

神奇的眼睛会搬家

比目鱼眼睛的奇异特征并不是与生俱来的。刚孵化出来的比目鱼幼体，完全不像父母，它们的样子跟普通鱼类相差无几，眼睛长在头部两侧，每侧各一只，对称分布。但是，大约经过20多天，小比目鱼的身体就开始悄悄发生变化。当比目鱼的幼体长到1厘米时，奇怪的事情发生了——它们一侧的眼睛开始搬家。比目鱼的眼睛通过头的上缘逐渐移动到对面的一边，直到跟另一只眼睛接近时，才停止移动。

满嘴利齿的比目鱼

比目鱼中最原始的一类大口鲽，满嘴都长着锋利的牙齿，是一种标准的靠视觉在水层中游动来吃鱼的鱼。所以，它们也会像其他鱼一样，作长距离觅食、产卵或越冬的洄游。

弹涂鱼——生活在陆地上的跳跳鱼

弹涂鱼有鳃，是真正的鱼，但它们却是唯一一种能在陆地上活动的鱼类。

上岸全靠特化器官

弹涂鱼的许多行为活动是在陆地上进行的，比如觅食、求偶和抵御入侵等。作为一条鱼，弹涂鱼为什么可以离开水呢？这是因为弹涂鱼有很多特化器官：首先，它们的眼睛通过长期进化已具有很强的视力，这使它们能看见浑浊不清的水下物体。其次，弹涂鱼的前鳍进化得像腿一样，所以它们在离开水后能够靠两个前鳍在陆地上行走、爬升和跳跃。另外，由于它们的皮肤和鳃腔经长期进化已发生结构性变化，所以它们既能在水中呼吸，也能在空气中呼吸。

喜欢跳跃的怪鱼

每当退潮时，弹涂鱼就会依靠胸鳍肌柄爬到泥上觅食或者晒太阳。弹涂鱼在陆地上能像蜥蜴一样活动，它们的胸鳍肌柄就像爬行动物的两个前肢，能前后自如地运

动。为了加强在陆上爬行的能力，弹涂鱼的臀鳍很低，尾鳍下叶的鳍条很粗。当胸鳍向前运动时，腹鳍就能起到支撑身体的作用。

当在作短距离蹦跳时，弹涂鱼只依赖胸鳍；而在作1米以上距离的跳跃时，就必须借助于尾部叩击地面。但是只有在急躁或受到惊吓时，弹涂鱼才会作出如此激烈的反应。每当退潮时，弹涂鱼就会在滩涂上跳来跳去地玩耍和互相追逐。

安全温馨的地下穴居

上岸后的弹涂鱼面临着被鸟和各种陆生哺乳动物捕食的危险，所以它们会为自己建造地下洞穴。涨潮后，弹涂鱼还可以到洞穴内躲避前来觅食的各种食肉鱼类的攻击。除了用作避难，弹涂鱼的洞穴还可以用作抚育室。

肺鱼——拥有两套呼吸系统的鱼

肺鱼是一种和腔棘鱼相近的淡水鱼，远古时代曾在地球上大量繁殖，现在仍有少数遗留下来。

两套呼吸系统

实际上，肺鱼有两套呼吸系统，在水中它们用鳃呼吸，到了干旱的季节，河水干涸时，它们会躲在泥里用肺呼吸。

斑纹"身份证"

肺鱼个体大小、色泽的差异都很大，有的身上有斑纹，有的则没有，但没有两条肺鱼的斑纹是相同的。对它们来说，身体上的斑纹就像指纹一样，可以据此辨识出它们的身份。

我可是带电的

肺鱼的视力并不发达，但嗅觉灵敏，同

shí shēn tǐ shang huì fā chū wēi ruò de diàn liú yǐ
时身体上会发出微弱的电流，以
gǎn yìng zhōu wéi de shēng wù yīn cǐ zài tóu ěr
感应周围的生物。因此，在投饵
shí tā men huì zuò chū líng mǐn de fǎn yìng
时，它们会作出灵敏的反应。

tè shū de chǎn luǎn dì diǎn
🐾 特殊的产卵地点

yì bān yú lèi dōu shì zài shuǐ zhōng chǎn luǎn ér fèi yú zé bǎ luǎn chǎn zài ní cháo zhōng
一般鱼类都是在水中产卵，而肺鱼则把卵产在泥巢中。

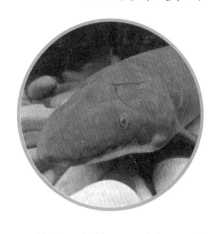

fèi yú de cháo shí jì shang jiù shì zài ní lǐ jué chéng de
肺鱼的巢实际上就是在泥里掘成的
cháng yuē yì mǐ de xiǎo suì dào cí fèi yú bǎ luǎn pái chū
长约一米的小隧道。雌肺鱼把卵排出
hòu yóu xióng fèi yú fù zé kān hù wèi le shǐ hòu dài
后，由雄肺鱼负责看护。为了使后代
yǒu liáng hǎo de shēng cún huán jìng xióng fèi yú de fù qí yī
有良好的生存环境，雄肺鱼的腹鳍一
dào fán zhí qī shí jiù cháng chū xǔ duō fù yǒu wēi xuè guǎn
到繁殖期时，就长出许多富有微血管
de xì cháng de sī zhuàng tū qǐ xuè yè zhōng de yǎng qì
的细长的丝状突起，血液中的氧气
kě tōng guò zhè xiē sī zhuàng tū qǐ shì fàng dào shuǐ zhōng qù bāng zhù luǎn zǐ zhèng cháng fā yù
可通过这些丝状突起释放到水中去，帮助卵子正常发育。

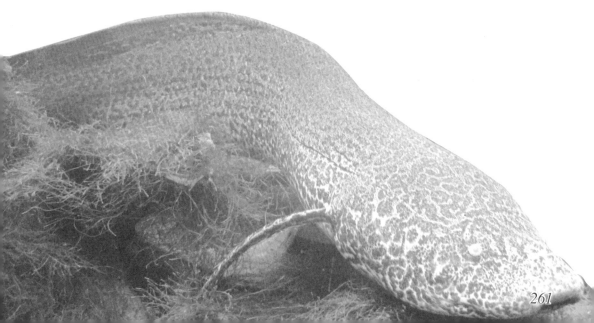

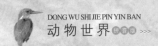

fān chē yú
翻车鱼——温顺的伪"海怪"
wēn shùn de wěi　hǎi guài

在神秘的海底世界中有很多动物我们并不了解，一些常被误认
为是"海怪"的动物，也许只是长得有些抽象而已。它们大多都温
顺无害，翻车鱼就是其中之一。

形状奇特的"海怪"

翻车鱼是世界上最大、形状最奇特的鱼类之一，它们的
身体又圆又扁，像个巨大的碟子。头上长着两只明亮的眼
睛，还拥有像眼睑般的肌肉来保护眼睛。背部和腹部分别长
着一个长而尖的背鳍和臀鳍。而它们身体的最后还"镶"着一
个好像花边的尾鳍，这个退化的尾鳍使它们看上去好像被削
去了一块，只有头，没有身子。

"海怪"其实很柔弱

虽然翻车鱼拥有庞大的身体，但由于它们是靠背鳍和臀

鳍划水来前进和控制方向的，所以游泳技术不佳，且速度缓慢，最快速度只有3.6千米/时。再加上它们缺乏足够的逃生技巧，因此常被虎鲸、鲨鱼等大型海洋动物吃掉。而翻车鱼呆笨的泳姿和慢半拍的反应速度也使它们很容易被定置渔网捕获。幸好雌鱼一次可产三亿个卵，这也是它们虽然经常被害，但却没有灭绝的原因。

🐾 平躺海面的怪行为

翻车鱼性情温顺，生活悠闲。它们经常躺在海面上，借助吞入空气来减轻自己的比重。天气晴朗、阳光灿烂的时候，人们经常能看到它们将身体侧翻，平展着浮在海面上晒太阳，这也是"翻车鱼"名称的由来。它们像睡在海面上一样，随波逐浪地漂流，不熟悉的人会认为它们死了。

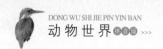

DONG WU SHI JIE PIN YIN BAN
动物世界 拼音版 >>>

飞鱼——长"翅膀"的鱼

飞鱼，以能飞而著名，长一尺左右。它们常成群地在海上飞翔，破浪前进的情景十分壮观，是一道亮丽的风景线。

长相奇特的鱼

飞鱼的胸鳍特别发达，看起来就像鸟类的翅膀一样。长长的胸鳍一直延伸到尾部，整个身体像一个织布的"长梭"。它们凭借自己流线型的优美体形，能在海中以每秒10米的速度高速"飞翔"。

又轻又小的卵

每年的四五月份，飞鱼会从赤道附近到我国的内海产卵，

繁殖后代。它们的卵又轻又小，卵表面的膜有丝状突起，非常适合挂在海藻上。以前渔民们根据飞鱼的产卵习性，在它们产卵的必经之路上，放上海中许许多多几百米长的挂网，借此来捕捉它们，后来国家有了保护措施，这种美丽的鱼类就受到了保护。

"飞翔"其实是迫不得已的

海洋生物学家认为，飞鱼的"飞翔"大多是为了逃避金枪鱼、剑鱼等大型鱼类的追逐，也可能是由于船只靠近受惊而飞。在长期的生存竞争中，飞鱼"练"成了一种十分巧妙的逃避敌害的技能——跃水"飞翔"。当然，飞鱼这种特殊的"自卫"方法并不是绝对可靠的。在海上"飞行"的飞鱼尽管逃脱了海中之敌的袭击，但也常常成为在海面上守株待兔的海鸟的盘中餐。另外，飞鱼具有趋光性，夜晚若在船甲板上挂一盏灯，成群的飞鱼就会循光而来，自投罗网地撞到甲板上。

shè shuǐ yú —— zì rán jiè de "shén shè shǒu"
射水鱼——自然界的"神射手"

shè shuǐ yú jiù xiàng yí jià xiǎo gāo shè pào，néng cóng kǒu zhōng shè chū shuǐ zhù，shè liè xuán chuí
射水鱼就像一架小高射炮，能从口中射出水柱，射猎悬垂
zài zhí wù shàng de kūn chóng，jǐ hū bǎi fā bǎi zhòng
在植物上的昆虫，几乎百发百中。

yōu xiù de shè jī xuǎn shǒu
优秀的射击选手

shè shuǐ yú shí fēn ài dòng、tiáo pí，sè cǎi xiān yàn。tā men de shēn cháng zhǐ yǒu
射水鱼十分爱动、调皮，色彩鲜艳。它们的身长只有20
lí mǐ zuǒ yòu，zhǎng zhe yí duì shuǐ pào yǎn，yǎn bái shàng yǒu yì tiáo tiáo bú duàn zhuàn dòng de shù
厘米左右，长着一对水泡眼，眼白上有一条条不断转动的竖
wén。shè shuǐ yú zài shuǐ miàn yóu dòng shí，bù jǐn néng kàn dào shuǐ miàn de dōng xi，yě néng chá
纹。射水鱼在水面游动时，不仅能看到水面的东西，也能察
jué dào kōng zhōng de wù tǐ。yí dàn yǒu bǔ shí duì xiàng，shè shuǐ yú jiù huì tōu tōu yóu jìn mù
觉到空中的物体。一旦有捕食对象，射水鱼就会偷偷游近目
biāo，xiān miáo zhǔn，rán hòu cóng kǒu zhōng pēn chū yì gǔ shuǐ zhù，jiāng qí dǎ luò shuǐ zhōng。tā
标，先瞄准，然后从口中喷出一股水柱，将其打落水中。它
men néng bǎ shuǐ shè dào liǎng sān mǐ gāo，jù lí lí
们能把水射到两三米高，距离30厘
mǐ nèi de fēi é hěn nán táo mìng。tā men bù jǐn néng bǎ
米内的飞蛾很难逃命。它们不仅能把
cāng ying、mì fēng、hú dié zhī lèi de xiǎo kūn chóng jī
苍蝇、蜜蜂、蝴蝶之类的小昆虫击
luò，hái néng bǎ rén de yǎn jing dǎ shāng。
落，还能把人的眼睛打伤。

射水鱼的神秘武器

射水鱼的秘密武器藏在嘴里，它们用舌头抵住口腔顶部的一个特殊凹槽形成的管道，就像水枪的枪管一样——更确切地说，是玩具水枪的枪管。当鳃盖突然合上的时候，一道强劲的水柱就会沿着管道被推向前方，射程可达1米。这时，舌尖起到了活阀的作用，使射水鱼朝着正确的方向喷射水柱。如果第一次没有成功，射水鱼还会一试再试，它们可以连续发射几道水柱，然后再补充"弹药"。

此外，不像其他鱼类，射水鱼在空气中也能看清东西，双目并用可以帮助它们准确地判断猎物的位置。此外，它们的眼睛还可以转动，紧紧盯住猎物。射水鱼背部平坦，这就意味着它们能够尽可能地贴近水面。依靠特殊的鳍，它们还能够在水中盘旋。

狮子鱼——海洋里的"蛇蝎美人"

狮子鱼的奇艳之美令人惊叹，在狮子鱼面前，任何鱼都会黯然失色。但就是这些色彩斑斓的小小海洋"居民"，在其华丽的外表之下，却隐藏了一副"蛇蝎心肠"。

身披五彩衣

狮子鱼的身上布满了色彩鲜艳的条纹，与海底五彩缤纷的珊瑚、海葵相映成趣；而其最典型的特征还要属那长长的背鳍、胸鳍、尾鳍以及臀鳍。狮子鱼背鳍上的鳍条就像京剧演员背后插着的护背旗，看起来相当威风呢！不同品种的狮子鱼，鳍的形状也各不相同。

用毒高手

狮子鱼身上的每根鳍条都含有能够分泌毒液的毒腺，鳍条尖端还有毒刺。一般情况下，鳍条处于完全展开的状态，就像一个刺猬，所以那些想打它们主意的掠食者根

běn wú cóng xià shǒu　ǒu ěr　　yě huì yǒu dǎn zi dà de yú lái mào fàn　shī zǐ yú jiù huì shǐ
本无从下手。偶尔，也会有胆子大的鱼来冒犯，狮子鱼就会使

chū hún shēn xiè shù　hé qí jìn xíng zhōu xuán　yí dàn shí jī chéng shú　biàn yǐ xùn léi bù jí
出浑身解数，和其进行周旋，一旦时机成熟，便以迅雷不及

yǎn ěr zhī shì yòng dú cì zhā guò qu
掩耳之势用毒刺扎过去。

高超的捕食技巧

dāng shī zǐ yú fā xiàn liè wù shí　tā men huì xiàng
当狮子鱼发现猎物时，它们会像

tiào wǔ bān qián hòu bǎi dòng xiōng qí　shǐ shēn tǐ huǎn huǎn
跳舞般前后摆动胸鳍，使身体缓缓

xiàng qián yí dòng　ér bǎi dòng de xiōng qí tóng shí yě zhì
向前移动。而摆动的胸鳍同时也制

zào chū yí gè píng zhàng　xiàn zhì le liè wù de huó dòng
造出一个屏障，限制了猎物的活动，

bī pò qí màn màn hòu tuì　zhí zhì zǒu tóu wú lù
逼迫其慢慢后退，直至走投无路。

yí dàn kào jìn liè wù　shī zǐ yú de xiōng qí jiù huì shù qǐ lai　rán hòu kāi shǐ kuài sù
一旦靠近猎物，狮子鱼的胸鳍就会竖起来，然后开始快速

de dǒu dòng　xī yǐn liè wù de zhù yì lì　dāng liè wù bèi yǎn qián de jǐng xiàng suǒ mí huo shí
地抖动，吸引猎物的注意力。当猎物被眼前的景象所迷惑时，

shī zǐ yú huì tū rán shōu qǐ suǒ yǒu de qí　shǎn diàn bān de chōng shàng qián　yì kǒu jiāng liè
狮子鱼会突然收起所有的鳍，闪电般地冲上前，一口将猎

wù tūn xià
物吞下。

6
第六章

pá xíng dòng wù
爬行动物

pá xíng dòng wù de tè zhēng
爬行动物的特征

jì rán bèi chēng wéi   pá xíng dòng wù   tā men dāng rán shì yào pá zhe qián jìn lou   tōng cháng
既然被称为"爬行动物",它们当然是要爬着前进喽！通常

pá xíng dòng wù de sì zhī dōu huì xiàng wài cè yán shēn   tā men jiù yǐ zhè zhǒng zī shì màn màn de xiàng qián
爬行动物的四肢都会向外侧延伸，它们就以这种姿势慢慢地向前

qián xíng   è yú jiù shì zhè yàng zǒu lù de   yǒu de zhǒng lèi méi yǒu sì zhī   jiù yòng fù bù zháo dì
前行，鳄鱼就是这样走路的。有的种类没有四肢，就用腹部着地，

pú fú zhe xiàng qián xíng jìn   shé jiù shì rú cǐ
匍匐着向前行进，蛇就是如此。

wú fǎ kòng zhì de tǐ wēn
无法控制的体温

pá xíng dòng wù kòng zhì tǐ wēn de néng lì bǐ jiào ruò   tǐ wēn huì suí zhe wài jiè wēn dù
爬行动物控制体温的能力比较弱，体温会随着外界温度

de biàn huà ér gǎi biàn   zài hán lěng de dōng jì   tā men de tǐ wēn huì jiàng zhì   huò
的变化而改变，在寒冷的冬季，它们的体温会降至0℃或0℃

yǐ xià   rú guǒ bù dōng mián   jiù hěn róng yì bèi dòng sǐ   xiāng fǎn   zài yán rè de xià
以下，如果不冬眠，就很容易被冻死；相反，在炎热的夏

jì   tā men de tǐ wēn yòu huì shēng gāo zhì   huò   yǐ shàng   hái yǒu de zhǒng lèi
季，它们的体温又会升高至30℃或30℃以上。还有的种类

xū yào xià mián   fǒu zé shēng mìng biàn huì shòu dào wēi xié
需要夏眠，否则生命便会受到威胁。

变色龙

蜥蜴

龟

272

不同的生殖特点

和鸟类相似，绝大多数的爬行动物都为卵生。有的种类的卵会在母体中先进行孵化，然后再出生。当然，也有极少数类型像哺乳类动物一样为胎生。

蜥蜴

古怪的身体

爬行动物之中大部分的身体表面都覆盖着光滑而闪亮的鳞片。鳞片均匀而密集地布满整个体表，对身体起到了很好的保护作用。

爬行动物一般不会出汗，因为它们没有汗腺，即没有排汗的毛孔。身体里面的水分出不来，外面的水分当然也就不可能进得去了，因此，它们的皮肤特别干燥。

主要类别

爬行动物主要分为鳄类、龟鳖类、鳞龙类。鳄类是一种水陆两栖的爬行动物，鳄鱼是鳄类的统称。龟鳖类是典型的长寿动物，也是现存的最古老的爬行动物，它们身上长有非常坚固的甲壳。鳞龙类是爬行动物中种类最多的一类。

蜥蜴

273

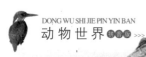
è yú ——— wǒ men bú shì yú
鳄鱼——我们不是鱼

è yú bú shì yú　　　ér shì yì zhǒng xiōng è de pá xíng dòng wù　　　shì jiè shang yǒu

鳄鱼不是鱼，而是一种 凶恶的爬行 动物。世界上有

duō zhǒng è yú　zhōng guó xiàn cún yáng zǐ è　zhǒng

20 多 种鳄鱼，中国现存扬子鳄 1 种。

xiōng è de bǔ shí zhě
凶恶的捕食者

è yú shì xiōng è　　wēi xiǎn de dòng wù　　tā men yǒu dài zhe　gāng cì　de wěi ba

鳄鱼是凶恶、危险的动物。它们有带着"钢刺"的尾巴，

hái yǒu yì zhāng xuè pén dà kǒu　　kǒu nèi yǒu gāng dīng bān de yá chǐ　　tā men qián rù shuǐ zhōng

还有一张血盆大口，口内有钢钉般的牙齿。它们潜入水 中

shí　cháng bǎ yǎn jing hé bí kǒng liú zài shuǐ miàn shang　yīn cǐ　nà xiē dào hé biān hē shuǐ de dòng

时，常把眼睛和鼻孔留在水面上，因此，那些到河边喝水的动

wù huò qǔ shuǐ de rén　wǎng wǎng zài háo wú jǐng jué de qíng kuàng xià　jiù bèi è yú yǎo zhù

物或取水的人，往往在毫无警觉的情况下，就被鳄鱼咬住，

tuō rù shuǐ zhōng chī diào le

拖入水 中吃掉了。

gāo gāo zài shàng de yǎn jing
高高在上的眼睛

è yú jīng cháng huì liú　yǎn lèi　zhè kě bú shì tā men zài wèi zì jǐ de　zuì

鳄鱼经 常会流"眼泪"，这可不是它们在为自己的"罪

è　chàn huǐ　yì zhǒng guǎng wéi liú chuán de shuō fa shì　tā men zhè shì zài pái xiè tǐ nèi duō

恶"忏悔。一种 广为流传的说法是，它们这是在排泄体内多

yú de yán fèn　yīn wèi è yú shèn zàng de pái xiè gōng néng hěn bù wán shàn　tǐ nèi de yán fèn

余的盐分。因为鳄鱼肾脏的排泄功 能很不完善，体内的盐分

yào kào kāi kǒu wèi yú yǎn jing fù jìn de yán xiàn lái pái xiè

要靠开口位于眼睛附近的盐腺来排泄。

扬子鳄
yáng zǐ è

扬子鳄是我国特有的鳄类，也是世界上濒临灭绝的爬行动物之一。它们身长约1.5~2米，不像非洲鳄和泰国鳄的体形那么巨大。

白化鳄

鳄鱼蛋

食鱼鳄
shí yú è

食鱼鳄又名长吻鳄、恒河鳄，栖居在像恒河一样的大河流中。食鱼鳄身体修长，体色为橄榄绿，吻极长，牙齿多达上百颗，且大小不一。

湾鳄
wān è

湾鳄身体巨大，能长到6~10米长，1000多千克重。它们平时常待在沼泽地一动不动，伪装成一块浮木，吸引一些缺乏警惕性的动物上钩。

蛇——擅长潜行的猎杀者

shé lèi shì yì zhǒng bú yòng jiǎo pá xíng de xíng zǒu dòng wù   xíng zōng guǐ
蛇类是一种不用脚爬行的行走动物，行踪诡

yì   mú yàng kě pà
异，模样可怕。

只吃肉

suǒ yǒu de shé lèi dōu shì ròu shí xìng dòng wù   wú lùn shì dà xíng dòng wù   hái
所有的蛇类都是肉食性动物。无论是大型动物，还

shì xiǎo xíng dòng wù   dōu shì shé lèi de shè shí duì xiàng   shé lèi yǒu shí néng yì kǒu jiāng liè wù tūn
是小型动物，都是蛇类的摄食对象。蛇类有时能一口将猎物吞

jìn dù zi li   yīn wèi tā men dōu yǒu yí gè kě yǐ zhāng de hěn dà de zuǐ ba   shì shí shang
进肚子里，因为它们都有一个可以张得很大的嘴巴。事实上，

shé de xià hé yǔ tóu gǔ shì fēn lí de   qiě xià hé de zuǒ yòu liǎng bù fen zài qián fāng yě méi yǒu
蛇的下颌与头骨是分离的，且下颌的左右两部分在前方也没有

zhí jiē qì hé   ér shì yóu tán xìng rèn dài xì lián zhe   suǒ yǐ shé néng bǎ xià gé de zuǒ yòu liǎng
直接契合，而是由弹性韧带系连着，所以蛇能把下颌的左右两

biān chēng kāi   ér jiāng zuǐ ba zhāng de dà dà de   shé de yá chǐ chéng xiàng hòu qīng xié de fǎn
边撑开，而将嘴巴张得大大的。蛇的牙齿呈向后倾斜的反

wān shì   hǎo xiàng gōu zi yì bān   kě yǐ jiāng shí wù gōu zhù   ér kě zì yóu yí dòng de xià hé
弯式，好像钩子一般，可以将食物钩住。而可自由移动的下颌

jiù xiàng qiāo qiāo bǎn yí yàng   yì qián yí hòu de jiāng shí wù
就像跷跷板一样，一前一后地将食物

sòng rù   jù yǒu tán xìng de hóu long nèi
送入具有弹性的喉咙内。

蛇没那么坏

shé de yàng zi zhēn shì xià rén   yóu qí shì nà xiē dú
蛇的样子真是吓人，尤其是那些毒

shé   gèng kě pà   rén bèi dú shé yǎo shāng hòu   rú guǒ bù
蛇，更可怕。人被毒蛇咬伤后，如果不

jí shí qiǎng jiù   jiù huì yǒu shēng mìng wēi xiǎn   bú guò
及时抢救，就会有生命危险。不过，

shé duì rén lèi hái shi yǒu xǔ duō yì chù de   shé pí kě yòng
蛇对人类还是有许多益处的：蛇皮可用

绿树蟒

来制作皮革和乐器；毒蛇的毒液能用来制作药酒；蛇胆和蛇蜕等可以做中药材，用来治疗各种神经痛、小儿麻痹症等疾病；蛇肉还是著名的美味佳肴；更重要的是，蛇是除鼠能手。一般情况下，人类不侵害蛇，蛇是不会主动攻击人的。

蚺、蟒

眼镜蛇

蚺、蟒是蛇类中的"巨人"，身体粗壮，而且没有毒。千万别因为蚺、蟒的块头很大，就认为它们笨拙，它们爬行的速度并不慢，还是游泳高手呢！

蚺、蟒经常将自己粗壮的躯干缠绕在树上一动不动。当猎物走近时，它们会迅速出击，安静而快速地爬行到猎物身边，用强劲的力量卷起猎物，用身体挤压，最终将猎物勒死，然后张开大嘴，将死去的猎物囫囵吞掉。

毒牙

有毒的蛇都有一对毒牙。有的毒蛇的毒牙前面是有沟的，叫沟牙；有的毒蛇的毒牙是闭合成管状的，叫管牙，管牙后方有若干副牙。其实，可怕的毒牙本身并没有毒，有毒的是藏在毒蛇上颌毒囊里的毒液。

277

<ruby>蜥<rt>xī</rt></ruby><ruby>蜴<rt>yì</rt></ruby>——<ruby>逃<rt>táo</rt></ruby><ruby>跑<rt>pǎo</rt></ruby><ruby>高<rt>gāo</rt></ruby><ruby>手<rt>shǒu</rt></ruby>

<ruby>蜥<rt>xī</rt></ruby><ruby>蜴<rt>yì</rt></ruby><ruby>是<rt>shì</rt></ruby><ruby>一<rt>yì</rt></ruby><ruby>种<rt>zhǒng</rt></ruby><ruby>冷<rt>lěng</rt></ruby><ruby>血<rt>xuè</rt></ruby><ruby>的<rt>de</rt></ruby><ruby>爬<rt>pá</rt></ruby><ruby>行<rt>xíng</rt></ruby><ruby>动<rt>dòng</rt></ruby><ruby>物<rt>wù</rt></ruby>，<ruby>外<rt>wài</rt></ruby><ruby>部<rt>bù</rt></ruby><ruby>特<rt>tè</rt></ruby><ruby>征<rt>zhēng</rt></ruby><ruby>与<rt>yǔ</rt></ruby><ruby>生<rt>shēng</rt></ruby><ruby>理<rt>lǐ</rt></ruby><ruby>结<rt>jié</rt></ruby><ruby>构<rt>gòu</rt></ruby><ruby>和<rt>hé</rt></ruby><ruby>蛇<rt>shé</rt></ruby><ruby>很<rt>hěn</rt></ruby><ruby>相<rt>xiāng</rt></ruby><ruby>似<rt>sì</rt></ruby>，<ruby>所<rt>suǒ</rt></ruby><ruby>以<rt>yǐ</rt></ruby><ruby>又<rt>yòu</rt></ruby><ruby>有<rt>yǒu</rt></ruby>"<ruby>四<rt>sì</rt></ruby><ruby>足<rt>zú</rt></ruby><ruby>蛇<rt>shé</rt></ruby>"<ruby>的<rt>de</rt></ruby><ruby>称<rt>chēng</rt></ruby><ruby>号<rt>hào</rt></ruby>。<ruby>世<rt>shì</rt></ruby><ruby>界<rt>jiè</rt></ruby><ruby>上<rt>shang</rt></ruby><ruby>现<rt>xiàn</rt></ruby><ruby>存<rt>cún</rt></ruby><ruby>蜥<rt>xī</rt></ruby><ruby>蜴<rt>yì</rt></ruby><ruby>约<rt>yuē</rt></ruby><ruby>有<rt>yǒu</rt></ruby>2500<ruby>种<rt>zhǒng</rt></ruby>，<ruby>大<rt>dà</rt></ruby><ruby>致<rt>zhì</rt></ruby><ruby>分<rt>fēn</rt></ruby><ruby>成<rt>chéng</rt></ruby><ruby>两<rt>liǎng</rt></ruby><ruby>大<rt>dà</rt></ruby><ruby>类<rt>lèi</rt></ruby>：<ruby>一<rt>yí</rt></ruby><ruby>类<rt>lèi</rt></ruby><ruby>主<rt>zhǔ</rt></ruby><ruby>要<rt>yào</rt></ruby><ruby>栖<rt>qī</rt></ruby><ruby>息<rt>xī</rt></ruby><ruby>在<rt>zài</rt></ruby><ruby>地<rt>dì</rt></ruby><ruby>表<rt>biǎo</rt></ruby>，<ruby>身<rt>shēn</rt></ruby><ruby>体<rt>tǐ</rt></ruby><ruby>略<rt>lüè</rt></ruby><ruby>呈<rt>chéng</rt></ruby><ruby>扁<rt>biǎn</rt></ruby><ruby>平<rt>píng</rt></ruby><ruby>形<rt>xíng</rt></ruby>；<ruby>另<rt>lìng</rt></ruby><ruby>一<rt>yí</rt></ruby><ruby>类<rt>lèi</rt></ruby><ruby>生<rt>shēng</rt></ruby><ruby>活<rt>huó</rt></ruby><ruby>在<rt>zài</rt></ruby><ruby>树<rt>shù</rt></ruby><ruby>上<rt>shang</rt></ruby><ruby>或<rt>huò</rt></ruby><ruby>水<rt>shuǐ</rt></ruby><ruby>中<rt>zhōng</rt></ruby>，<ruby>身<rt>shēn</rt></ruby><ruby>体<rt>tǐ</rt></ruby><ruby>是<rt>shì</rt></ruby><ruby>窄<rt>zhǎi</rt></ruby><ruby>窄<rt>zhǎi</rt></ruby><ruby>的<rt>de</rt></ruby>。

棘蜥

伞蜥

<ruby>短<rt>duǎn</rt></ruby><ruby>跑<rt>pǎo</rt></ruby><ruby>健<rt>jiàn</rt></ruby><ruby>将<rt>jiàng</rt></ruby>

<ruby>多<rt>duō</rt></ruby><ruby>数<rt>shù</rt></ruby><ruby>蜥<rt>xī</rt></ruby><ruby>蜴<rt>yì</rt></ruby><ruby>都<rt>dōu</rt></ruby><ruby>长<rt>zhǎng</rt></ruby><ruby>有<rt>yǒu</rt></ruby>4<ruby>条<rt>tiáo</rt></ruby><ruby>腿<rt>tuǐ</rt></ruby>，<ruby>后<rt>hòu</rt></ruby><ruby>肢<rt>zhī</rt></ruby><ruby>强<rt>qiáng</rt></ruby><ruby>健<rt>jiàn</rt></ruby><ruby>有<rt>yǒu</rt></ruby><ruby>力<rt>lì</rt></ruby>，<ruby>能<rt>néng</rt></ruby><ruby>快<rt>kuài</rt></ruby><ruby>速<rt>sù</rt></ruby><ruby>奔<rt>bēn</rt></ruby><ruby>跑<rt>pǎo</rt></ruby>，<ruby>并<rt>bìng</rt></ruby><ruby>迅<rt>xùn</rt></ruby><ruby>速<rt>sù</rt></ruby><ruby>改<rt>gǎi</rt></ruby><ruby>变<rt>biàn</rt></ruby><ruby>前<rt>qián</rt></ruby><ruby>进<rt>jìn</rt></ruby><ruby>的<rt>de</rt></ruby><ruby>方<rt>fāng</rt></ruby><ruby>向<rt>xiàng</rt></ruby>。<ruby>奔<rt>bēn</rt></ruby><ruby>跑<rt>pǎo</rt></ruby><ruby>最<rt>zuì</rt></ruby><ruby>快<rt>kuài</rt></ruby><ruby>的<rt>de</rt></ruby><ruby>蜥<rt>xī</rt></ruby><ruby>蜴<rt>yì</rt></ruby><ruby>时<rt>shí</rt></ruby><ruby>速<rt>sù</rt></ruby><ruby>可<rt>kě</rt></ruby><ruby>达<rt>dá</rt></ruby>25<ruby>千<rt>qiān</rt></ruby><ruby>米<rt>mǐ</rt></ruby>。

<ruby>聪<rt>cōng</rt></ruby><ruby>明<rt>míng</rt></ruby><ruby>的<rt>de</rt></ruby><ruby>自<rt>zì</rt></ruby><ruby>残<rt>cán</rt></ruby>

<ruby>遇<rt>yù</rt></ruby><ruby>到<rt>dào</rt></ruby><ruby>敌<rt>dí</rt></ruby><ruby>人<rt>rén</rt></ruby>、<ruby>深<rt>shēn</rt></ruby><ruby>陷<rt>xiàn</rt></ruby><ruby>险<rt>xiǎn</rt></ruby><ruby>境<rt>jìng</rt></ruby><ruby>的<rt>de</rt></ruby><ruby>时<rt>shí</rt></ruby><ruby>候<rt>hou</rt></ruby>，<ruby>许<rt>xǔ</rt></ruby><ruby>多<rt>duō</rt></ruby><ruby>蜥<rt>xī</rt></ruby><ruby>蜴<rt>yì</rt></ruby><ruby>能<rt>néng</rt></ruby><ruby>使<rt>shǐ</rt></ruby><ruby>长<rt>cháng</rt></ruby><ruby>长<rt>cháng</rt></ruby><ruby>的<rt>de</rt></ruby><ruby>尾<rt>wěi</rt></ruby><ruby>巴<rt>ba</rt></ruby><ruby>自<rt>zì</rt></ruby><ruby>行<rt>xíng</rt></ruby>

duàn diào　　 ér duàn diào de wěi ba huì zài dì
断 掉，而 断 掉 的 尾 巴 会 在 地
miàn shang bù tíng de niǔ dòng　　 yǐ dá dào mí huo dí
面 上 不 停 地 扭 动，以 达 到 迷 惑 敌
rén de mù dì　　 dāng dí rén zhù yì lì bèi zhuǎn yí de
人 的 目 的。当 敌 人 注 意 力 被 转 移 的
shí hou　　 xī yì yě jiù chèn jī táo tuō le　　 yí duàn shí jiān
时 候，蜥 蜴 也 就 趁 机 逃 脱 了。一 段 时 间
zhī hòu　　 tā men de wěi ba yòu huì chóng xīn shēng zhǎng chū lai
之 后，它 们 的 尾 巴 又 会 重 新 生 长 出 来。

　　 xī yì wěi ba duàn diào zhī hòu　　 shēn tǐ lǐ huì fēn mì chū
蜥 蜴 尾 巴 断 掉 之 后，身 体 里 会 分 泌 出
yì zhǒng kě cù jìn wěi ba zài shēng de jī sù　　 dāng wěi ba zhǎng chū lai zhī
一 种 可 促 进 尾 巴 再 生 的 激 素。当 尾 巴 长 出 来 之
hòu　　 zhè zhǒng jī sù jiù huì tíng zhǐ fēn mì　　 suǒ yǐ bú bì dān xīn　　 xī
后，这 种 激 素 就 会 停 止 分 泌，所 以 不 必 担 心，蜥
yì huì tóng shí zhǎng chū jǐ tiáo wěi ba
蜴 会 同 时 长 出 几 条 尾 巴。

liè xī
鬣蜥

　　 liè xī shēn tǐ xì cháng　　 tǐ biǎo fù gài zhe chǐ zhuàng de lín piàn　　 tā
鬣 蜥 身 体 细 长，体 表 覆 盖 着 齿 状 的 鳞 片。它
men jiǎo zhǐ biǎn píng　　 bù jǐn kě zài lù dì shang shēng huó　　 yě kě zài shuǐ
们 脚 趾 扁 平，不 仅 可 在 陆 地 上 生 活，也 可 在 水
zhōng yóu yǒng　　 yě yǒu xiē xǐ huan duǒ zài shù shang　　 tā men pǎo qǐ lai de
中 游 泳，也 有 些 喜 欢 躲 在 树 上。它 们 跑 起 来 的
sù dù xiāng dāng kuài　　 jué dà duō shù liè xī dōu yǐ bǔ zhuō qí tā dòng wù wéi
速 度 相 当 快。绝 大 多 数 鬣 蜥 都 以 捕 捉 其 他 动 物 为
shí　　 shǎo shù wéi zá shí xìng de　　 jì chī dòng wù　　 yòu
食。少 数 为 杂 食 性 的，既 吃 动 物，又
chī zhí wù
吃 植 物。

群居的蜥蜴

279

biàn sè lóng —— wěi zhuāngzhuān jiā
变色龙——伪装 专家

biàn sè lóng shì xī yì de yì zhǒng yǐ bǔ shí kūn chóng wéi shēng yīn fū sè shàn biàn ér wén

变色龙是蜥蜴的一种，以捕食昆虫为生，因肤色"善变"而闻

míng yú shì

名于世。

wèi shén me biàn sè
为什么变色

biàn sè lóng biàn sè de mì jué shì shén me ne yuán lái yǔ qí tā pá xíng lèi dòng wù bù

变色龙变色的秘诀是什么呢？原来，与其他爬行类动物不

tóng de shì biàn sè lóng de pí fū yǒu sān céng sè sù xì bāo zhè xiē sè sù xì bāo zhōng chōng

同的是，变色龙的皮肤有三层色素细胞。这些色素细胞中 充

mǎn le bù tóng yán sè de sè sù zuì lǐ miàn de yì céng shì hēi sè sù zhōng jiān yì céng shì

满了不同颜色的色素：最里面的一层是黑色素，中间一层是

lán sè sù zuì wài céng zhǔ yào shì huáng sè sù hé hóng

蓝色素，最外层主要是黄色素和红

sè sù

色素。

wài xíng tè zhēng
外形特 征

biàn sè lóng de tǐ cháng duō wéi lí mǐ

变色龙的体长多为 17~25 厘米，

yě yǒu jiào dà zhě shēn cháng kě dá lí mǐ shēn tǐ

也有较大者身 长可达 60 厘米。身体

liǎng cè dōu shì biǎn píng zhuàng wěi ba xì cháng kě juǎn qū

两侧都是扁平状，尾巴细长，可卷曲。

有些品种的头部有较大的突起，极像戴了头盔。有的头顶长着色彩鲜艳的"角"，就像戴着鲜亮的头饰一样。

较高的温度要求

变色龙对温度的要求很高：白天它们喜欢生活在温度为28~32摄氏度的地方；到了晚上，它们可以忍受在22~26摄氏度的地方生活，如果温度再低些，它们就会不适应。长期处于低温的环境中，变色龙就会食欲不振，生长缓慢，甚至虚弱至死。

壁虎——飞檐走壁的捕虫者

壁虎是蜥蜴的一种，它们爱吃苍蝇、蚊子等害虫，攀爬能力强，对人类完全无害。

🐾 断尾自卫

每当受到敌人的威胁，或受到外力的拉扯时，壁虎尾部的肌肉就会强烈地收缩，然后尾巴就会断落。刚断的尾巴的神经还没有死去，所以会在地上扭来扭去，吸引敌人的注意力，这时壁虎就会趁机跑掉。壁虎的断尾是一种自卫行为，这种现象在生物学上叫作"自切"。

🐾 壁虎的生活

壁虎不愿意生活在野外，也不愿意生活在露天的环境之中，它们比较喜欢居住在建筑物内，白天就潜伏于墙缝中、橱柜后，到了晚上，就常出没于有灯光照射的天花板、屋檐下等地方，以捕食蚊子、苍蝇、飞蛾等害虫。

科莫多龙——珍稀的龙

科莫多龙因生活在印度尼西亚的科莫多岛上而得名，是现存最大的蜥蜴。它们个头大，耳孔大，尾粗，能挖 9 米深的洞，并将卵产在洞中。

舌头当鼻子用

科莫多龙在寻找食物的时候，总是不停地摇头晃脑和吐舌头。这是为什么呢？原来它们的舌头不仅可以尝出味道，而且能够分辨气味。

一咬致命

被科莫多龙咬过的猎物必死无疑。据化验，科莫多龙的唾液中含有很多细菌，而且它们从不清洗自己的口腔；更可怕的是，它们能够分泌致命的毒液，这些毒液能令被咬的猎物血压降低、血管扩张、血液无法凝固。

guī —— bēi ké de shòu xing
龟——背壳的寿星

guī shì yì zhǒng xíng dòng huǎn màn   bēi yǒu yìng ké de pá
龟是一种行动缓慢、背有硬壳的爬

xíng dòng wù   xiàn jīn shì jiè shang yuē yǒu   zhǒng guī   zhè
行动物。现今世界上约有250种龟，这

xiē guī yīn shēng huó huán jìng de bù tóng   dà zhì kě fēn wéi lù
些龟因生活环境的不同，大致可分为陆

guī   hǎi guī jí dàn shuǐ guī jǐ dà lèi
龟、海龟及淡水龟几大类。

diǎn xíng tè zhēng
典型特征

dà bù fen de guī dōu yǒu yí gè ké   zhè zhǒng ké dà duō fēi cháng jiān yìng   guī de shēn tǐ
大部分的龟都有一个壳。这种壳大多非常坚硬，龟的身体

jiù cáng zài zhè ge lèi sì hé zi de hòu ké li   guī yǒu shí shèn zhì jiāng tóu   zú dōu wán quán suō
就藏在这个类似盒子的厚壳里，龟有时甚至将头、足都完全缩

jìn ké li   yǐ táo bì dí hài
进壳里，以逃避敌害。

guī shì   cháng shòu   de xiàng zhēng   zài zì rán huán jìng zhōng yǒu chāo guò bǎi nián shòu mìng de
龟是"长寿"的象征，在自然环境中有超过百年寿命的。

rén men cháng yòng   guī líng   bǐ yù rén zhī cháng shòu   tóng shí tā yě yǒu jí xiáng fù guì de yù yì
人们常用"龟龄"比喻人之长寿，同时它也有吉祥富贵的寓意。

guī de zhǒng lèi
龟的种类

lù guī wán quán shēng huó zài lù dì shang   yì bān dōu yǒu gāo gǒng de bēi ké   yě
陆龟完全生活在陆地上，一般都有高拱的背壳，也

海龟

有的背壳扁平，如饼干陆
龟。陆龟没有牙齿，颌部形
成坚硬的喙。它们的头和腿
能缩入壳内，以获得保护。

海龟是体形最大的龟，它们身体
扁平，除了头、腿和尾巴以外，全身覆
盖着硬壳。

小海龟入海

淡水龟体形较小，头部前端光滑，头后散有小鳞，背甲上
有3条显著的纵棱。它们栖息于河川、湖泊、水田等处，有时
生活在陆地上，有时生活在水中。

甲鱼又名中华鳖，可活40~60年。夏秋之际，甲鱼会爬
上河滩，在松软的泥地上挖个浅坑，伏在上面产蛋。有
趣的是，如果甲鱼产蛋的地方离水面比较近，就预示着近期
不会有洪水；如果产蛋的地方离水面较远，说明水位要升
高，将有洪水。甲鱼真可谓"气象预报专家"

巴西龟

285

7 第七章

liǎng qī dòng wù

两栖动物

两栖动物的特征

两栖动物早在3亿年前就存在于地球之上了。它们是最原始的脊椎动物，也是最早登陆的四足动物。

水、陆皆为家

两栖动物是相对于水生动物和陆生动物来说的，这种动物既能适应水中的生活，又可以自由自在地生存在陆地上，所以被称为"两栖动物"。

幼体、成体差异大

两栖动物的幼体和成体的形态差异巨大，有的甚至完全不同，如蝌蚪和青蛙。两栖动物的卵一般产在水里，幼体也生活在水中，像鱼一样用鳃呼吸；而成体大多数生活在陆地上，

青蛙

hū xī qì guān yě yóu sāi zhuǎn biàn chéng le fèi
呼吸器官也由鳃转变成了肺。

脆弱的皮肤
cuì ruò de pí fū

liǎng qī dòng wù de pí fū dōu shí fēn bó
两栖动物的皮肤都十分薄，

ér qiě luǒ lù zài wài kàn qǐ lai xiāng dāng cuì
而且裸露在外，看起来相当脆

ruò tā men de pí fū kě yǐ fǔ zhù hū xī
弱。它们的皮肤可以辅助呼吸，

zhè jiù shì tā men zài shuǐ zhōng yī rán néng zì zài
这就是它们在水中依然能自在

shēng huó de yuán yīn liǎng qī dòng wù de pí fū
生活的原因。两栖动物的皮肤

kàn qǐ lai zǒng shì shī shī de zhè shì yīn wèi tā men pí fū de biǎo
看起来总是湿湿的，这是因为它们皮肤的表

miàn néng fēn mì chū huá liū liū de nián yè suǒ yǐ xiǎng kōng shǒu zhuō
面能分泌出滑溜溜的黏液，所以想空手捉

zhù tā men shì xiāng dāng kùn nan de
住它们，是相当困难的。

蝌蚪

不恒定的体温
bù héngdìng de tǐ wēn

liǎng qī dòng wù kòng zhì tǐ wēn de jī néng bú jiàn quán suǒ yǐ tā men de tǐ wēn bù héng
两栖动物控制体温的机能不健全，所以它们的体温不恒

dìng wèi le shì yìng huán jìng shēng cún xià qu hěn duō liǎng qī dòng wù dōu yǒu dōngmián de xí
定。为了适应环境，生存下去，很多两栖动物都有冬眠的习

xìng qīng wā jiù shì qí zhōng de diǎn xíng
性，青蛙就是其中的典型。

蟾蜍——笨拙的机灵鬼
chán chú　　bèn zhuō de　jī ling guǐ

chán chú kàn qǐ lai jì chǒu lòu　　yòu ě xīn　suǒ yǐ rén men
蟾蜍看起来既丑陋，又恶心，所以人们

gěi tā men qǐ le gè bié chēng jiào　　lài há ma　　kě rú guǒ
给它们起了个别称叫"癞蛤蟆"，可如果

shēn rù liǎo jiě yí xià de huà　　nǐ huì jué de tā men fēi cháng kě ài
深入了解一下的话，你会觉得它们非常可爱。

"干"伏"湿"出
gān　fú　shī　chū

chán chú xǐ huan yǐn bì yú ní xué lǐ　　cháo shī shí tou xià　　cǎo cóng
蟾蜍喜欢隐蔽于泥穴里、潮湿石头下、草丛

nèi　shuǐ gōu biān　yīn pí fū yì shī shuǐ fèn　　gù tā men bái tiān duō qián fú zài yǐn bì chù
内、水沟边。因皮肤易失水分，故它们白天多潜伏在隐蔽处，

huáng hūn jí yè wǎn cái chū lai huó dòng　　chán chú kě yǐ yī kào fèi hé pí fū jìn xíng hū xī
黄昏及夜晚才出来活动。蟾蜍可以依靠肺和皮肤进行呼吸，

tā men jīng cháng bǎo chí pí fū de shī rùn zhuàng tài　　yǐ biàn yú kōng qì zhōng de yǎng qì róng yú
它们经常保持皮肤的湿润状态，以便于空气中的氧气溶于

pí fū nián yè　　cóng ér jìn rù xuè yè　　suǒ yǐ　　zài kōng qì shī dù dà huò xià yǔ shí　　tā
皮肤黏液，从而进入血液，所以，在空气湿度大或下雨时，它

men huì yì fǎn cháng tài de zài bái tiān chū lai huó dòng
们会一反常态地在白天出来活动。

看起来很笨

蟾蜍大多行动缓慢，就算到了水中也不灵活，即使是遇到了危险，顶多也只能进行短距离的小跳。

我很聪明，只是低调

蟾蜍在野外不能及时躲开人的话，便会躺在地上装死，即使被你的脚碰疼了，也一动不动。如果你遇到这种情况的话，不妨蹲下来观察一下，但请别伤害这个除害高手。

毒液威名扬

癞蛤蟆的"癞"可谓是个谜，很多人认为一旦碰了癞蛤蟆，皮肤就会变得和它们一样。为了不让癞蛤蟆"赖"上自己，人们便对它们敬而远之。这个"癞"其实指的是蟾蜍身上疙瘩状的突起，这些突起确实会分泌出毒液。这种毒液对其敌人可能会有一定的威胁，但是对人类完全没有影响，而且其毒液干燥后形成的蟾酥还可入药呢。

黑眶蟾蜍

291

青蛙——好脾气的捕虫高手

qīng wā shì bǔ chóng néng shǒu　　shì nóng mín de hǎo péng you
青蛙是捕虫能手，是农民的好朋友，

cháng cháng chū mò zài xiǎo hé　　chí táng　dào tián děng chù
常常出没在小河、池塘、稻田等处。

外部特征

qīng wā chú le dù pí shì bái sè de yǐ wài　　tóu bù　　bèi
青蛙除了肚皮是白色的以外，头部、背

bù tōng cháng dōu shì huáng lǜ sè de　　jiā zá zhe yì xiē huī sè
部通常都是黄绿色的，夹杂着一些灰色

de bān wén　　yǒu de bèi shàng hái yǒu　　dào bái yìn　qīng wā chú le
的斑纹，有的背上还有3道白印。青蛙除了

yòu tǐ shí qī wài　　dōu méi yǒu wěi ba　　tā men yōng yǒu guāng huá de
幼体时期外，都没有尾巴。它们拥有光滑的

pí fū　　dà dà de zuǐ ba　　tū chū de yǎn jing hé qiáng jiàn de　sì
皮肤、大大的嘴巴、突出的眼睛和强健的四

zhī　　shàn yú tiào yuè de hòu zhī gèng shì gé wài qiáng jìng yǒu　lì
肢，善于跳跃的后肢更是格外强劲有力。

青蛙的成长历程

qīng wā tōng cháng jiāng luǎn chǎn zài shuǐ zhōng　　ràng tā
青蛙通常将卵产在水中，让它

men zì xíng fū huà　　gāng fū huà chū lai de yòu tǐ jiào kē
们自行孵化。刚孵化出来的幼体叫蝌

dǒu　　zhǔ yào chī zhí wù xìng shí wù　　zài tuǐ
蚪，主要吃植物性食物。在腿

jiàn jiàn fā yù　　wěi bù yě yù lái yù duǎn de
渐渐发育，尾部也愈来愈短的

shí hou　　tā men kāi shǐ shè qǔ dòng wù xìng shí
时候，它们开始摄取动物性食

wù　　ér zǎo qī yòng lái hū xī de sāi yě
物；而早期用来呼吸的鳃也

zhú jiàn tuì huà　　zhōng zhì xiāo shī　　tā men
逐渐退化，终至消失，它们

kāi shǐ yòng fèi hū xī dào
开始用肺呼吸。到

zuì hòu kē dǒu zhōng yú
最后，蝌蚪终于

biàn chéng yōng yǒu sì zhī jiǎo méi yǒu
变成拥有四只脚、没有

wěi ba de xiǎo qīng wā bìng kāi shǐ zài lù dì shēng
尾巴的小青蛙，并开始在陆地生

huó kē dǒu biàn chéng qīng wā xū yào shù xīng qī shí jiān
活。蝌蚪变成青蛙，需要数星期时间。

shù liàng méi nà me duō le
数量没那么多了

qīng wā běn shì xiāng jiān shí fēn cháng jiàn de dòng wù rán ér suí zhe chéng shì de kuò
青蛙本是乡间十分常见的动物，然而随着城市的扩

jiàn chí táng cǎo dì de jiǎn shǎo huán jìng wū rǎn de jiā zhòng nóng yào
建，池塘、草地的减少，环境污染的加重，农药

de dà liàng shǐ yòng yǐ jí bǔ wā shí wā de shèng xíng qīng wā
的大量使用，以及捕蛙、食蛙的盛行，青蛙

de shēng cún yuè lái yuè jiān nán shù liàng jí jù xià jiàng
的生存越来越艰难，数量急剧下降。

蝾螈——害羞的穴居者

斑点蝾螈

蝾螈是一种长有尾巴的两栖动物，体形和蜥蜴很相似。它们的身体必须时刻保持湿润，才能正常生活，所以它们喜欢居住在潮湿的环境里。

水中的闪电战

别看蝾螈行走时总是慢吞吞的，一副蠢蠢笨笨的样子，但是一到了水中，它们就会摇身一变，变成一名既灵活又矫健的游泳高手。它们常常在水底和水草下面活动，但停留的时间不会很长，因为每隔几分钟，它们都要游到水面换气。可能是为了早点回到它们喜爱的水草旁，它们用最快的速度去完成这项换气的任务。从蹿出水面吸气到下沉，用时只有3～4秒，真可谓"神速"。

东方蝾螈

294

反击有绝招

当蛇向蝾螈发起进攻时，蝾螈会立刻用尾巴不停地抽打蛇的头部，同时蝾螈的尾巴上还会分泌出一种黏黏的液体，将蛇身粘成一团。因为蝾螈体内含有河豚毒素，所以这种毒素足以置敌人于死地。

蝾螈明星

世界上大概有400种蝾螈，大多数蝾螈都通过皮肤和肺呼吸，也有很多是通过皮肤和口腔呼吸的。在所有蝾螈中，墨西哥蝾螈算是长得最可爱的了，它们能长至30厘米长，身体多为黑色、棕色、白色，头上长着6个角，当它们正面朝向你的时候，会呈现出一副"笑脸"。

墨西哥蝾螈

黑色蝾螈

295

大鲵——两栖动物中的活化石
dà ní liǎng qī dòng wù zhōng de huó huà shí

大鲵是两栖动物中体形最大的一种，身体扁平而肥壮。它们的
dà ní shì liǎng qī dòng wù zhōng tǐ xíng zuì dà de yì zhǒng shēn tǐ biǎn píng ér féi zhuàng tā men de

叫声很像婴儿的啼哭声，因此人们又叫它们"娃娃鱼"。
jiào shēng hěn xiàng yīng ér de tí kū shēng yīn cǐ rén men yòu jiào tā men wá wa yú

🐾 活化石
huó huà shí

大鲵的别称很多，如娃娃鱼、
dà ní de bié chēng hěn duō rú wá wa yú

人鱼、孩儿鱼、狗鱼、脚鱼、啼
rén yú hái er yú gǒu yú jiǎo yú tí

鱼、腊狗等。大鲵产于中国和日
yú là gǒu děng dà ní chǎn yú zhōng guó hé rì

本，因是3亿年前就存在的古老生
běn yīn shì yì nián qián jiù cún zài de gǔ lǎo shēng

物，所以有"活化石"之称。
wù suǒ yǐ yǒu huó huà shí zhī chēng

296

个头真不小

大鲵体长可达1.8米，重可达几十千克。体表较光滑，带有黏液腺，背部呈棕褐色，有黑斑。四肢短小，前肢有4趾，后肢有5趾，游泳时靠摇动躯干和尾巴前进。

残忍暴食

大鲵有着很强的耐饥本领，在清凉的水中，即使两三年不吃食物，也不会饿死。大鲵还是不折不扣的贪吃鬼，总是暴饮暴食，有时饱餐一顿之后，体重增加量会达到原体重的1/5。当寻找不到猎物的时候，它们也会将目光转向同类，互相残杀。虽然大鲵有时对儿女挺疼爱的，可是当它们特别饿的时候，会毫不留情地吃掉自己的卵。

处境堪忧

由于大鲵肉嫩味鲜，而且身体很多部位都可入药，所以它们长期遭到人类的大量捕杀，这导致各地的大鲵数量急剧下降，有的地方的大鲵已经濒临灭绝了。此外，人类对大鲵栖息环境的破坏也给它们的生存带来了威胁。好在人类已经意识到了问题的严重性，对大鲵展开了各种保护。有的地方为大鲵建立了保护区，有的地方大量培育人工大鲵，有的地区甚至将大鲵定为当地的吉祥物。

第八章

8

wú jǐ zhuī dòng wù

无脊椎动物

zhū xíng dòng wù —— dú zhōng gāo shǒu
蛛形动物——毒中高手

蜘蛛

zhū xíng dòng wù zhī zhōng zuì cháng jiàn de yí lèi fēi zhī zhū mò shǔ le chú
蛛形动物之中最常见的一类非蜘蛛莫属了。除
cǐ zhī wài wǒ men shú zhī de hái yǒu xiē zi mǎn chóng hé pí chóng děng
此之外，我们熟知的还有蝎子、螨虫和蜱虫等。

xīn hěn shǒu là de shā shǒu
心狠手辣的“杀手”

xǔ duō zhū xíng dòng wù dōu shǔ yú ròu shí xìng dòng wù tā men yōng
许多蛛形动物都属于肉食性动物。它们拥
yǒu zuì wéi fēng lì de wǔ qì dú zhēn huò áo yá bǔ shí
有最为锋利的“武器”——毒针或螯牙。捕食
huò duì zhàn shí tā men jiāng dú yè zhù rù duì fāng tǐ nèi shǐ duì fāng bèi
或对战时，它们将毒液注入对方体内，使对方被
má bì bù fen zhū xíng dòng wù hái huì cóng zuǐ zhōng tǔ chū jù yǒu qiáng liè fǔ shí xìng de xiāo huà
麻痹。部分蛛形动物还会从嘴中吐出具有强烈腐蚀性的消化
yè zhè zhǒng yè tǐ huì shǐ liè wù de wǔ zàng liù fǔ biàn chéng xī zhōu zhè shí tā men yòu huì
液，这种液体会使猎物的五脏六腑变成“稀粥”，这时它们又会
jiāng kōng xīn de dú zhēn huò áo yá dàng chéng xī guǎn bǎ zhè xī zhōu xī rù tǐ nèi měi měi
将空心的毒针或螯牙当成吸管，把这“稀粥”吸入体内，美美
de bǎo cān yí dùn zhè zhǒng liè shā de shǒu fǎ kuài sù yòu cán rěn
地饱餐一顿。这种猎杀的手法快速又残忍，
bù fen zhū xíng dòng wù shèn zhì huì hù xiāng cán shā duì dài
部分蛛形动物甚至会互相残杀，对待
tóng lèi yě jué bù shǒu ruǎn zhēn bú kuì wéi xīn hěn shǒu là de
同类也绝不手软，真不愧为心狠手辣的
shā shǒu
“杀手”。

蝎子

zhè zhǒng dòng wù yì dí yì yǒu
这种动物“亦敌亦友”

hěn duō zhū xíng dòng wù yǒu zhòng yào de jīng
很多蛛形动物有重要的经
jì jià zhí yì xiē zhī zhu shì bǔ shí hài chóng
济价值：一些蜘蛛是捕食害虫

蜘蛛

de néng shǒu　　tā men zài fáng zhì nóng lín chóng hài shàng qǐ zhe
的能手，它们在防治农林虫害上起着

zhòng yào de zuò yòng　　lì rú xiē zi kě yǐ bèi yòng lái zhì liáo
重要的作用，例如蝎子可以被用来治疗

jí bìng　　jù yǒu zhòng yào de yào yòng jià zhí　　zhè xiē zhū xíng
疾病，具有重要的药用价值。这些蛛形

dòng wù dōu shì wǒ men de hǎo péng you　　dàn yǒu xiē zhū xíng dòng
动物都是我们的好朋友。但有些蛛形动

wù shì rén lèi de dí rén　　bǐ rú mǎn chóng hé pí chóng　　tā
物是人类的敌人，比如螨虫和蜱虫，它

men jīng cháng huì qīn rù zhí wù　　dòng wù shèn zhì rén lèi de tǐ
们经常会侵入植物、动物甚至人类的体

nèi　　chuán bō jí bìng
内，传播疾病。

zhī wǎng gāo shǒu
织网高手

hěn duō zhū xíng dòng wù dōu shì zhī wǎng gāo shǒu　　tā men
很多蛛形动物都是织网高手，它们

de wǎng kàn shàng qu ruò bù jīn fēng　　dàn shí jì shang néng gòu
的网看上去弱不禁风，但实际上能够

chéng shòu jǐ qiān bèi yú zhī zhu tǐ zhòng de zhòng liàng　　yǒu
承受几千倍于蜘蛛体重的重量。有

xiē zhī zhu hái huì zhī chū xiàng lán zi　　yú wǎng hé lòu dǒu
些蜘蛛还会织出像篮子、渔网和漏斗

yí yàng de wǎng
一样的网。

甲壳动物——盔甲兵
jiǎ qiào dòng wù ——kuī jiǎ bīng

甲壳动物都有坚硬的外壳包裹
jiǎ qiào dòng wù dōu yǒu jiān yìng de wài ké bāo guǒ

着身体，以达到保护自己的目的。我
zhe shēn tǐ yǐ dá dào bǎo hù zì jǐ de mù dì wǒ

们常吃的龙虾、对虾和螃蟹都属于
men cháng chī de lóng xiā duì xiā hé páng xiè dōu shǔ yú

甲壳动物。
jiǎ qiào dòng wù

基围虾

锦绣龙虾

无法逃离"水世界"
wú fǎ táo lí shuǐ shì jiè

甲壳动物生活在海洋或淡水
jiǎ qiào dòng wù shēng huó zài hǎi yáng huò dàn shuǐ

之中，它们世世代代在水中繁衍
zhī zhōng tā men shì shì dài dài zài shuǐ zhōng fán yǎn

生息，捕食嬉戏，已经习惯了这种
shēng xī bǔ shí xī xì yǐ jīng xí guàn le zhè zhǒng

生活，也不愿离开这熟悉的环境了。只有少数敢想敢闯的
shēng huó yě bú yuàn lí kāi zhè shú xī de huán jìng le zhǐ yǒu shǎo shù gǎn xiǎng gǎn chuǎng de

"叛逆分子"走出了熟悉的家园，去寻找新的天地。它们把步
pàn nì fèn zǐ zǒu chū le shú xī de jiā yuán qù xún zhǎo xīn de tiān dì tā men bǎ bù

伐延伸到了陆地，然后欣喜地率领亲朋好友开始同样安逸但
fá yán shēn dào le lù dì rán hòu xīn xǐ de shuài lǐng qīn péng hǎo yǒu kāi shǐ tóng yàng ān yì dàn

更加新奇的陆地新生活。但是它们在繁衍或生长的时候依然
gèng jiā xīn qí de lù dì xīn shēng huó dàn shì tā men zài fán yǎn huò shēng zhǎng de shí hou yī rán

要回到水里。
yào huí dào shuǐ li

横行将军——螃蟹
héng xíng jiāng jūn páng xiè

螃蟹有10只脚，就长在身体两侧。第一对脚叫螯足，既
páng xiè yǒu zhī jiǎo jiù zhǎng zài shēn tǐ liǎng cè dì yī duì jiǎo jiào áo zú jì

是掘洞的工具，又是防御和攻击的武器；其余4对是用来步行的，叫作步足。每只脚都由7节组成，关节只能上下活动。大多数蟹头胸部的宽度大于长度，因而爬行时只能一侧步足弯曲，用足尖抓住地面，另一侧步足再向外伸展，当足尖够到远处地面时便开始收缩，而原先弯曲的一侧步足就马上伸直，把身体推向相反的一侧。由于这几对步足的长度是不同的，所以螃蟹实际上是向侧前方运动的。

沙蟹

寄居蟹

维护生态平衡

在海洋和淡水生态系统中，浮游甲壳动物起了非常关键的作用：它们食用水中的浮游植物，控制这些植物的生长，平衡了水质，维护了生态平衡。

螃蟹

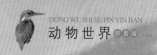

動物世界 拼音版

腔肠动物——海中之"花"

全世界的腔肠动物约有1万种，它们全部都生活在水中，除了少数几种生活在淡水里外，其余的种类都生活在海中。海葵、水母、珊瑚虫、水螅等都是腔肠动物。

威力巨大的"秘密武器"

腔肠动物又被称为"刺细胞动物"。它们的身体由内外两胚层构成，外胚层上生有成组的刺细胞，这种刺细胞并不扎人，却能够释放毒素，如果敌人胆敢入侵它们的领地，它们会毫不犹豫地将刺刺入敌人体内，麻痹或杀死敌人。当然，它们捕捉猎物时也会用此方法。

令人难以置信的低等动物

腔肠动物算是最低等的生物之一了，这种动物居然没有呼吸器官和排泄器官。它们从细胞表面周围的水中获得氧气，代谢产生的废物由外胚层细胞排入水中，或由内胚层细胞排入消化循环腔中，然后由口腔排出体外。这种生存方式简直令人难以置信。

珊瑚与海葵

珊瑚和海葵长得都像花一样。珊瑚枝上的"花"便是由无数的珊瑚虫聚集而成的。海洋中的珊瑚和海葵都会利用触手来捕食浮游生物。一些小鱼、小虾常常因为碰到珊瑚与海葵的触手而被吃掉，成为它们的美食。

海葵

水母

水母常常漂浮在海面上，随波逐流。它们的外形多种多样，有的像一把撑开的雨伞，有的像一枚硬币，有的像帽子……

水母

多足动物——无脊椎界的显赫家族

那些长有很多脚的动物被人们称为"多足动物"。它们的脚密集地排列在身体的两侧，行动起来有条不紊，速度飞快，令人惊叹！

生活习性

多足动物大多栖息在湿润的森林中，多以腐败的植物为食，在分解植物的遗体上扮演着重要的角色。然而，

千足虫

仍有少部分多足动物生活在草原、半干旱地区，甚至是沙漠之中。大部分多足动物都是草食性的，只有少数是肉食性的。

蜈蚣

蜈蚣捕食

本领高超的"捕猎者"

多足动物中有很多捕猎高手，比如我们熟知的蜈蚣，它们穿着坚硬的铠甲，行动极为神速，遇到猎物就会猛扑过去，用嘴撕咬，将其吞食。

外形不一

千万不要以为多足动物都是黑乎乎、干瘪瘪，外形丑陋的多脚虫子，它们之中也不乏美丽优雅者。在综合纲中，有的种类全身乳白，身体光滑而耀眼，堪称多足动物界的"白天鹅"。

常见成员

蜈蚣又名"百脚"，身体分头和躯干两部分，有许多体节，每一个体节有一对结构相似的步足。蜈蚣都有毒，毒性强弱因种类及个体大小而异。

千足虫又被称为"马陆"，与蜈蚣是同类。它们体形呈圆筒状或长扁形，触角短，躯干有20个体节。第2~4节各有一对步足，自第5体节开始，均有两对步足，所以人们叫它"千足虫"。

蜈蚣

环节动物——雌雄同体的无脚怪
huán jié dòng wù — cí xióng tóng tǐ de wú jiǎo guài

环节动物是动物的一门，身体长而柔软，由许多环节构
huán jié dòng wù shì dòng wù de yì mén, shēn tǐ cháng ér róu ruǎn, yóu xǔ duō huán jié gòu

成，表面有像玻璃的薄膜，头、胸、腹不分明，肠子
chéng biǎo miàn yǒu xiàng bō li de bó mó, tóu xiōng fù bù fēn míng cháng zi

长而直，前端为口，后端为肛门，常见的如蚯
cháng ér zhí, qián duān wéi kǒu, hòu duān wéi gāng mén, cháng jiàn de rú qiū

蚓、水蛭等。
yǐn shuǐ zhì děng

蚯蚓内部结构

丰富的生活方式
fēng fù de shēng huó fāng shì

环节动物的生活方式可谓多种多
huán jié dòng wù de shēng huó fāng shì kě wèi duō zhǒng duō

样，而且大不相同。它们之中有的爱好
yàng, ér qiě dà bù xiāng tóng。 tā men zhī zhōng yǒu de ài hào

穴居，每天只待在洞穴中，不愿出门；有的
xué jū, měi tiān zhǐ dāi zài dòng xué zhōng, bú yuàn chū mén, yǒu de

喜欢在海底游走，四处漂泊，像个旅行家；有的
xǐ huan zài hǎi dǐ yóu zǒu, sì chù piāo bó, xiàng gè lǚ xíng jiā, yǒu de

喜欢浮游在海中，享受自由；有的喜欢生活在湖
xǐ huan fú yóu zài hǎi zhōng, xiǎng shòu zì yóu, yǒu de xǐ huan shēng huó zài hú

中，享受安逸；还有的喜欢生活在陆地上，享受土
zhōng xiǎng shòu ān yì, hái yǒu de xǐ huan shēng huó zài lù dì shang xiǎng shòu tǔ

壤的滋养。这丰富的生活方式一点儿也不输给我们
rǎng de zī yǎng。 zhè fēng fù de shēng huó fāng shì yì diǎnr yě bù shū gěi wǒ men

人类呢！
rén lèi ne

水蛭

蚯蚓

怪异的生殖方式

环节动物真是神奇得令人惊叹，随着身体的生长，它们的性别竟然会改变，大部分由雄性变为了雌性。请不要太过惊讶，神奇的还在后面，变为雌性的环节动物不需要异性，就能够自己生产下一代，而且下一代是从自己身体的一段或体节中的一节长出的新个体。

环节动物有脚吗

穿梭于土壤之中的蚯蚓是我们常见的环节动物，它们没有脚，靠体节的伸缩来移动身体，达到行进的目的。有的环节动物有不分节的附肢，这附肢比身体稍稍凸出一块，看起来就像长在身体下部的小脚一样，人们称之为"疣足"。疣足可以帮助身体快速地移动，这就是环节动物的脚了。

yuán shēng dòng wù jié gòu zuì jiǎn dān de dòng wù
原 生 动物——结构最简单的动物

yuán shēng dòng wù shì zuì yuán shǐ   zuì jiǎn dān de dòng wù   shēng huó zài shuǐ zhōng   tǔ rǎng
原 生 动物是最原始、最简单的动物，生活在水中、土壤

zhōng huò qí tā shēng wù tǐ nèi   méi yǒu jiǎo zhì   yuán shēng dòng wù tǐ jī
中 或其他生物体内，没有角质。原 生 动物体积

wēi xiǎo zhěng gè shēn tǐ yóu yí gè xì bāo gòu chéng suǒ yǐ yě jiào zuò
微小，整个身体由一个细胞构成，所以也叫作

dān xì bāo dòng wù zhè zhǒng dān xì bāo dòng wù jù yǒu yùn dòng
单细胞动物。这 种单细胞动物具有运动、

hū xī   pái xiè shēng zhí děng yí qiè shēng mìng gōng néng
呼吸、排泄、生殖等一切生命功能。

dài biǎo dòng wù biàn xíng chóng
代表动物——变形 虫

biàn xíng chóng zhǒng lèi hěn duō   gè tǐ dà xiǎo chā yì yě hěn dà   dà de cháng yuē
变形虫 种类很多，个体大小差异也很大，大的长约0.4

háo mǐ   xiǎo de jǐn wēi mǐ zuǒ yòu   tā men de shēn tǐ xíng zhuàng bú gù dìng   kào wěi zú
毫米，小的仅30微米左右。它们的身体形 状不固定，靠伪足

lái yùn dòng hé tūn shí shí wù   biàn xíng chóng de shēn tǐ jǐn yóu yí gè xì bāo gòu chéng zhǎng dà
来运动和吞食食物。变形虫的身体仅由一个细胞构成，长大

hòu   xì bāo yóu yí gè fēn liè chéng le liǎng gè   xīn de biàn xíng chóng jiù chǎn shēng le   zhè
后，细胞由一个分裂成了两个，新的变形虫就产生了。这

zhǒng qí tè de shēng zhí fāng shì hěn xiàng jīn tiān de   kè lóng   jì shù   kě
种 奇特的生殖方式很像今天的"克隆"技术，可

yǐ bǎo zhèng chóng tǐ yǒng bú miè jué
以保证 虫体永不灭绝。

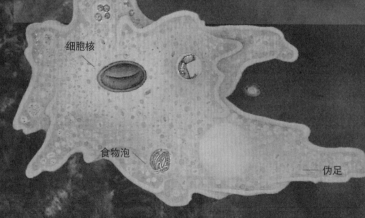

细胞核

食物泡

伪足

变形虫结构图

xiàn xíng dòng wù —— lìng rén ě xīn de jì shēng chóng
线形动物——令人恶心的寄生虫

yuǎn yuǎn wàng qù　　xiàn xíng dòng wù jiù xiàng yì gēn shāo cháng diǎn de　xì xiàn yí yàng　　zhǐ yǒu jí
远远望去，线形动物就像一根稍长点的细线一样，只有极

shǎo shù shì gǎn lǎn xíng huò luǎn xíng　　shì jiè shang cún zài de xiàn xíng dòng wù bù duō　　qí zhōng wǒ men zuì
少数是橄榄形或卵形。世界上存在的线形动物不多，其中我们最

wèi shú xī de shì jì shēng zài rén tǐ nèi de huí chóng
为熟悉的是寄生在人体内的蛔虫。

jì shēng
寄生

xiàn xíng dòng wù zhī zhōng de hěn dà yí bù fen dōu shì kào
线形动物之中的很大一部分都是靠

jì shēng shēng huó de　　tā men cóng bú zì jǐ bǔ shí　　ér
寄生生活的。它们从不自己捕食，而

shì kào xī shōu jì zhǔ tǐ nèi de yíng yǎng lái wéi chí zì jǐ shēng cún
是靠吸收寄主体内的营养来维持自己生存

de xū yào　　zhè ge jì zhǔ kě yǐ shì dòng wù　　kě yǐ shì zhí wù　　shèn zhì
的需要。这个寄主可以是动物，可以是植物，甚至

kě yǐ shì rén lèi　　tā men zài jì zhǔ de tǐ nèi guò zhe bù láo ér huò de ān lè shēng huó　　yǒu
可以是人类。它们在寄主的体内过着不劳而获的安乐生活，有

de zhǒng lèi jū rán kě yǐ zài dòng wù de shí dào nèi zì rú de huó dòng　　què bú huì bèi xiāo huà zhì
的种类居然可以在动物的食道内自如地活动，却不会被消化致

sǐ　　zhè zhēn shì lìng rén jīng tàn　　　tā men de shēng huó zhēn kě wèi ān yì　　dàn shì tā men de yíng
死，这真是令人惊叹！它们的生活真可谓安逸，但是它们的营

yǎng lüè duó què huì duì jì zhǔ de shēn tǐ zào chéng wēi hài
养掠夺却会对寄主的身体造成危害。

唇片

口的正面

雌虫

雄虫

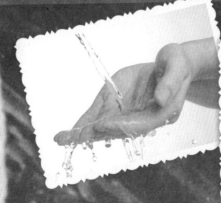
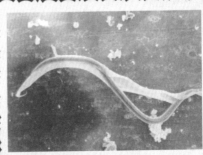

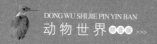
海绵 动物——海底过滤器

hǎi mián dòng wù ——hǎi dǐ guò lǜ qì

海绵 动物有10000多种，它们大小不一，最大的长度可超过两米，形态各异，常在其附着的基质上形成薄薄的覆盖层。它们或色泽单一，或十分绚丽。

🐾 奇特的进食方式

海绵 动物捕食的方法十分奇特，是一种滤食方式。单体海绵很像一个花瓶，瓶壁上的每一个小孔都是一张"嘴巴"。海绵动物通过不断振动体壁的鞭毛，使含有食饵的海水不断从这些小孔渗入瓶腔，进入体内。在"瓶"内壁有无数的领鞭毛细胞，由基部向顶端螺旋式地波动，从而产生同一方向的引力，起到类似抽水机的泵吸作用。当海水从瓶壁渗入时，水中的营养物质，如细菌、硅藻、原生动物或有机碎屑，便被领鞭毛细胞捕捉后吞噬。经过消化吸收，那些不能被

xiāo huà de dōng xi jiù suí hǎi shuǐ cóng chū shuǐ kǒu liú chū tǐ wài
消化的东西就随海水从出水口流出体外。

jié néng běn lǐng qiáng
节能本领强

yí gè gāo　　　lí mǐ　zhí jìng　lí mǐ de hǎi mián　　yì tiān nèi néng chōu hǎi shuǐ
　　一个高 10 厘米，直径 1 厘米的海绵，一天内能抽海水 22.5

shēng　chū shuǐ kǒu chù de shuǐ liú sù dù kě dá　mǐ　miǎo　zhè zhǒng gāo sù lí qù de shuǐ liú
升，出水口处的水流速度可达 5 米／秒。这种高速离去的水流

bǎo zhèng le cóng tǐ nèi pái chū de fèi wù bú zài　huí lú　　zhèng shì yīn wèi yǒu lǜ shí hé jié
保证了从体内排出的废物不再"回炉"。正是因为有滤食和节

néng de běn lǐng　hǎi mián dòng wù cái néng zài quē fá yíng yǎng de rè dài shān hú jiāo zhōng hé jí dì
能的本领，海绵动物才能在缺乏营养的热带珊瑚礁中和极地

lù jià qū shì dài fán yǎn
陆架区世代繁衍。

kě pà de zài shēng néng lì
可怕的再生能力

hǎi mián de zài shēng néng lì hěn qiáng　rú guǒ bǎ yí kuài wán zhěng de hǎi mián qiē chéng yì xiǎo
　　海绵的再生能力很强，如果把一块完整的海绵切成一小

kuài yì xiǎo kuài de　měi kuài dōu néng dú lì shēng huó　ér qiě néng jì xù zhǎng dà　rú guǒ jiāng
块一小块的，每块都能独立生活，而且能继续长大。如果将

hǎi mián dǎo suì guò shāi　zài hùn hé zài yì qǐ　tóng yì zhǒng hǎi mián hái néng chóng xīn zǔ chéng xiǎo
海绵捣碎过筛，再混合在一起，同一种海绵还能重新组成小

hǎi mián gè tǐ
海绵个体。

棘皮动物——最美的海底对称动物
jí pí dòng wù   zuì měi de hǎi dǐ duì chèn dòng wù

棘皮动物是长着针刺状皮肤（棘皮）的海洋动物，包括海星类、海胆类和海参类等。在所有海洋中的各种深度的水域中都能够找到棘皮动物，大约有6000个种类。

辐射对称的外形
fú shè duì chèn de wài xíng

所有的棘皮动物都呈辐射对称状，也就是说，它们身体的各个肢体都是从身体中心点辐射出去的。棘皮动物的中心点周围通常有5个对称部分，这种体形特征在普通的海星身上体现得最为明显。海星有5个独特的附属肢体，嘴巴为

shēn tǐ de zhōng xīn diǎn yóu yú fú shè duì chèn zhè
身体的中心点。由于辐射对称，这
zhǒng dòng wù de shēn tǐ yǒu kǒu miàn hé fǎn kǒu miàn zhī
种动物的身体有口面和反口面之
fēn yǒu qù de shì gāng chū shēng de jí pí dòng wù
分。有趣的是，刚出生的棘皮动物
shì liǎng biān duì chèn de dàn zài shēng zhǎng qī jiān zuǒ biān zēng dà yòu biān suō xiǎo zhí dào
是两边对称的，但在生长期间，左边增大，右边缩小，直到
dié biān bèi wán quán xī shōu rán hòu zhè yí biān zhǎng chéng wǔ fú shè duì chèn xíng zhuàng
叠边被完全吸收，然后这一边长成五辐射对称形状。

海参

qiáng zhuàng de gǔ gé
强壮的骨骼

jí pí dòng wù zhī jiān yǒu hěn duō gòng tóng diǎn tā men de gǔ gé dōu shì yóu gǔ bǎn zǔ
棘皮动物之间有很多共同点。它们的骨骼都是由骨板组
chéng yǒu xiē gǔ bǎn běn shēn jiù dài yǒu tū chū de gǔ cì zhè zhèng shì tā
成，有些骨板本身就带有突出的骨刺，这正是它
men shì jí pí dòng wù de yuán yīn dà duō shù jí pí dòng wù xì xiǎo
们是棘皮动物的原因。大多数棘皮动物细小
de jiǎo dōu shì kōng xīn de xiàng guǎn zi yí yàng suǒ yǒu de jí pí
的脚都是空心的，像管子一样。所有的棘皮
dòng wù shēn tǐ nèi bù dōu yǒu gè guǎn zi gòu chéng de wǎng luò zhè
动物身体内部都有个管子构成的网络，这
xiē guǎn zi lǐ chōng mǎn le hǎi shuǐ jí pí dòng wù de gǔ gé wài miàn
些管子里充满了海水。棘皮动物的骨骼外面
tōng cháng dōu yǒu biǎo pí pí shang yì bān dōu dài jí hǎi xīng hé hǎi dǎn
通常都有表皮，皮上一般都带棘，海星和海胆
zé yǒu biàn xíng de qiú jí hé chā jí
则有变形的球棘和叉棘。

海胆

海星

315

软体动物——没有关节的动物

软体动物种类繁多，它们的习性因种类而异。腹足类在陆地、淡水和海洋均有分布，双壳类只生活在淡水和海洋中，其他类群基本上都生活在海洋中。

带着"房子"的动物

软体动物的身体一般可分为头、足和内脏团三部分。大多数软体动物要么是单壳，要么是双壳，但有些品种的壳发育不全或者已经丧失。典型的软体动物是身体柔软、没有关节的动物，其下身形成肌肉发达的肉足，用于爬行或挖掘地洞；而上身则长有一层叫作外膜的皮。外膜下面有一个腔，腔里是呼吸器官。而外膜本

蜗牛

316

shēn yě kě yǐ yòng zuò hū xī
身也可以用作呼吸。

不同的生活环境

xiàn yǒu de ruǎn tǐ dòng wù kě fēn wéi
现有的软体动物可分为

gè gāng　　dān bǎn gāng　　duō bǎn gāng
7个纲：单板纲、多板纲、

wú bǎn gāng　　fù zú gāng shuāng ké gāng　　jué
无板纲、腹足纲、双壳纲、掘

zú gāng　　tóu zú gāng　　yóu yú zhǒng lèi fán duō
足纲、头足纲。由于种类繁多，

suǒ yǐ ruǎn tǐ dòng wù de dà xiǎo yě bú jìn xiāng tóng　　　yì xiē pǐn zhǒng xiǎo dào jī hū wú fǎ zhí
所以软体动物的大小也不尽相同。一些品种小到几乎无法直

jiē yòng ròu yǎn kàn dào　　　ér yì xiē dà de yóu yú jìng cháng dá　　mǐ　　dà bù fen ruǎn tǐ dòng
接用肉眼看到，而一些大的鱿鱼竟长达15米。大部分软体动

wù shēng huó zài hǎi yáng lǐ　　　yǒu de yě shēng huó zài dàn shuǐ li hé lù dì shang
物生活在海洋里，有的也生活在淡水里和陆地上。

两性繁殖

ruǎn tǐ dòng wù shì liǎng xìng fán zhí de dòng wù　　　yǒu xiē pǐn zhǒng de luǎn zǐ zài cí xìng tǐ nèi
软体动物是两性繁殖的动物。有些品种的卵子在雌性体内

shòu jīng　　　rán hòu zài fū huà chū yòu xiǎo de shēng mìng　　　dàn dà duō shù pǐn zhǒng de luǎn shì zài tuō
受精，然后再孵化出幼小的生命，但大多数品种的卵是在脱

lí mǔ tǐ hòu shòu jīng de
离母体后受精的。

水利工程施工组织与安全管理

ISBN 978-7-5612-8225-0

定价：79.00 元